micro:bit

마이크로비트로 배우는 창의설계 코딩

조영준 저

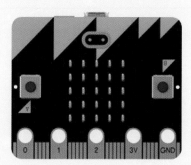

光文閣
www.kwangmoonkag.co.kr

머리말

  최근 몇 년간 아두이노와 같은 코딩 교육을 위한 다양한 도구가 제공되어 초등학교, 중고등학교에서도 코딩 교육을 위해 활용되고 있다. 하지만 가장 기본적인 동작을 하기 위해서는 주변에 연결해야 할 장치들이 많아 조금은 복잡하고, 역량에 따라서는 쉽게 연결을 하지 못해 코딩 교육 자체도 어려움이 있는 것이 사실이다. 이에 비해, BBC 마이크로비트는 기본적인 입출력 장치뿐만 아니라 다양한 센서를 내장하고 있어, 간단한 코딩 교육뿐만 아니라 전문적인 장치를 개발할 수 있는 수준의 하드웨어를 제공하고 있다. 또한, 최근 코딩 교육을 위한 블록 코딩 방식과 파이썬 언어를 사용하여 마이크로비트를 활용할 수 있다.

  본 책에서는 초등학생부터 코딩을 처음 접하는 성인들까지 활용할 수 있도록 기초 코딩 교육을 위한 블록 코딩 방식을 활용하고 있으며, 쉽고 간단한 예제를 다양하게 제공하고 있다. 또한, 다양한 입출력 모듈을 활용하여 마이크로비트와 연결하여 사용하는 다양한 예제를 제공하고 있고, 이러한 모듈을 활용한 작품을 만들어 볼 수 있도록 구성하였다.

부족한 내용이지만 출판에 도움을 주신 광문각출판사 박정태 회장님과 임직원들께 진심으로 감사하다는 마음을 전하고 싶습니다.

2020년 1월

조영준

추천사

본 교재는 마이크로비트를 이용하여 기본예제를 학습하면서 코딩의 기본 개념인 비교, 반복, 논리, 변수, 함수, 리스트등의 원리를 자연스럽게 습득 할수 있습니다.

아울러 기본 예제에 그치지 않고, 센서 확장보드를 이용해서 무선제어등의 고급 예제까지 아주 다양한 예제를 수록 하고 있습니다.

마이크로비트 총판 엘리먼트14 한국 지사장 정재철

목차

3 다양한 모듈로
배우는
micro:bit

4 micro:bit 프로젝트

제1장
micro:bit에 대해 알아보기

BBC micro:bit 역사

micro:bit

BBC micro:bit는 영국방송공사(BBC)에서 쉽고 재미있는 컴퓨터 교육을 위해 만든 암 (ARM) 기반의 소형 싱글 보드 컴퓨터로서, 'micro:bit'를 상표명으로 사용한다. 개별 프로그래밍이 가능한 LED와 버튼, 센서, 유에스비(USB), 무선통신 등으로 구성되어 간단한 게임부터 로봇, 전자 악기까지 다양한 기기를 만들 수 있다.

2012년 영국 BBC에서 컴퓨터 소양 교육의 일환으로 시작하여, 2015년 암 홀딩스(ARM Holdings), 마이크로소프트(Microsoft), 삼성(Samsung), 노르딕 반도체(Nordic Semiconductor), 파이썬 (Python) 소프트웨어 재단 등 협력사들과 공동으로 개발하였다. 마이크로비트 보드는 4cm × 5cm 크기이며, ARM 기반 프로세서와 LED 25개, 버튼 2개, 외부 장치 연결용 핀, 빛·온도· 가속도·나침반 센서, 무선(radio), 블루투스, 마이크로 유에스비(micro USB)로 구성되어 있다. 유에스비에 배터리를 연결하여 독립적으로 사용할 수 있다. 컴퓨터, 태블릿 PC, 스마트폰 등에서 자바스크립트 블록(JavaScript Blocks), 파이썬(Python) 등 언어를 사용하여 마이크로비트 프로그램을 개발할 수 있고, 마이크로비트 보드에 USB 또는 블루투스 통신으로 연결하여 개발한 프로그램을 넣을 수 있다. 마이크로비트는 직접 프로그램을 만들고 하드웨어가 어떻게 정보를 입력받고 동작하는지를 체험하는 물리 컴퓨팅(physical computing)의 대표적인 교구재로 활용되고 있다. 마이크로비트재단(www.microbit.org)에서 마이크로비트를 관리한다.

[네이버 지식백과] 마이크로비트 [micro:bit] (IT용어사전, 국정보통신기술협회)

BBC micro:bit 특징

BBC micro:bit의 하드웨어 특징은 다음과 같다.

- 각각 제어가 가능한 25개의 LED Matrix
- 프로그래밍이 가능한 2개의 버튼
- 하드웨어 확장 핀
- 온도 센서와 움직임 센서들(가속도 센서, 자기 센서)
- RF와 블루투스를 이용한 무선통신 기능
- USB 인터페이스
- 배터리 연결 소켓

LED

　LED는 발광 다이오드로, BBC micro:bit는 개별적으로 프로그램이 가능한 25개의 LED가 장착되어 있기 때문에 문자, 숫자, 이미지 등을 표시할 수 있다.

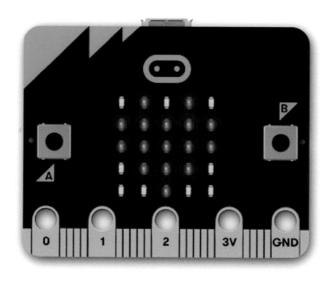

스위치

마이크로비트는 앞면에 2개의 스위치가 있으며, A, B로 표시되어 있다. 이 버튼을 눌렀는지를 검사하고, 버튼이 눌렸을 때 원하는 코드를 실행하도록 할 수 있다.

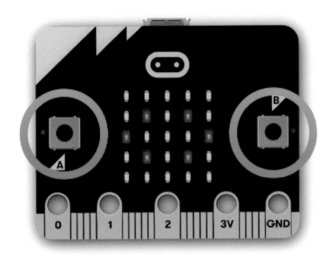

핀(포트)

마이크로비트의 에지 커넥터에는 25개의 외부 장치 연결용 핀이 있다. 모터, LED 등과 같은 전기 부품을 연결시켜 동작 가능하며, 다양한 센서들을 연결하여 프로그램을 작성하여 동작시킬 수 있다.

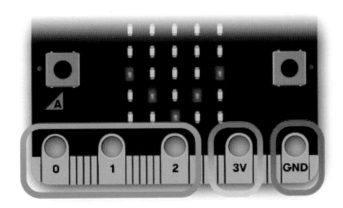

온도 센서는 마이크로비트가 주변의 온도를 측정할 수 있도록 한다. 섭씨와 화씨 온도 측정이 가능하다.

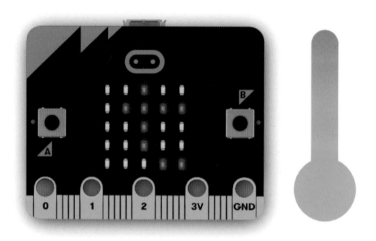

빛 센서

화면 출력 스크린으로 사용되는 LED들을 입력 장치처럼 빛 센서로 사용할 수 있고, 주변의 빛 밝기를 측정하는 데 사용할 수 있다.

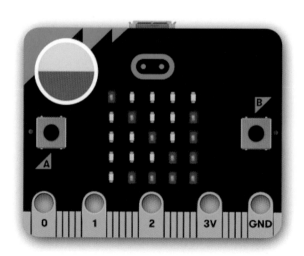

가속도 센서

가속도 센서는 마이크로비트를 흔들거나 움직일 때, 가속도를 측정할 수 있는 센서다. 마이크로비트가 움직여지면 그 움직임을 감지하여 흔들기, 기울이기, 떨어뜨리기 등을 감지할 수 있다.

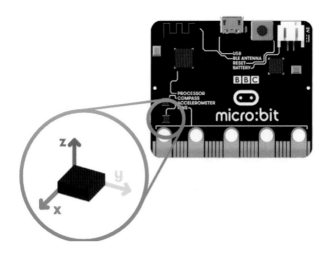

자기 센서

자기 센서는 나침반 센서로 생각할 수 있고, 지구 자기장을 감지할 수 있어, 마이크로비트가 놓인 방향을 알아낼 수 있다. 나침반을 사용하려면, 자기 센서의 정확성을 높이기 위해 사용 전에 보정 시켜 초기화해야 한다.

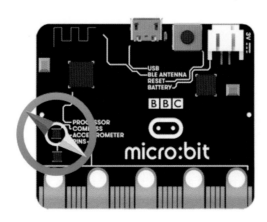

 무선통신

 라디오(Radio) 기능을 이용하면, 마이크로비트들끼리 무선으로 데이터를 주고받을 수 있다. 라디오(Radio) 기능을 이용해 다른 마이크로비트들에게 메시지를 보내고, 멀티플레이어 게임을 만들 수도 있다.

 블루투스

 BLE(Bluetooth Low Energy, 저전력 블루투스 기술) 안테나는 블루투스 신호를 이용해 마이크로비트에 신호를 주고받을 수 있다. 블루투스 기능을 이용하면 마이크로비트와 PC, 스마트폰, 태블릿과 무선으로 연결할 수 있어서, 마이크로비트로 스마트폰을 제어하거나 스마트폰으로 마이크로비트를 제어할 수 있다. 또한, 마이크로비트에 연결된 장치들을 제어할 수 있다.

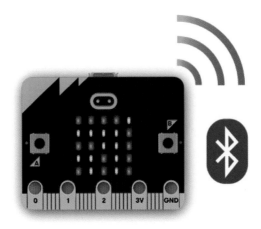

USB 인터페이스는 마이크로비트와 사용자의 컴퓨터를 마이크로 USB 케이블을 통해 연결하며, 전원을 공급하거나 사용자가 작성한 프로그램을 마이크로비트로 다운로드 할 수 있다. 또한, USB 인터페이스를 통해 PC와의 시리얼 통신이 가능하다.

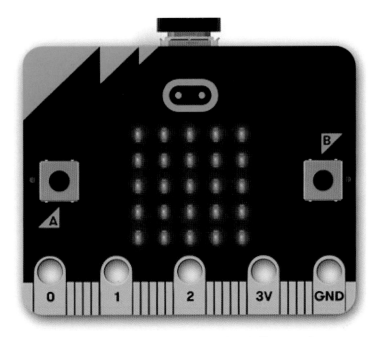

〈이미지 참조: https://microbit.org/guide/features/〉

BBC micro:bit 하드웨어

하드웨어 구성

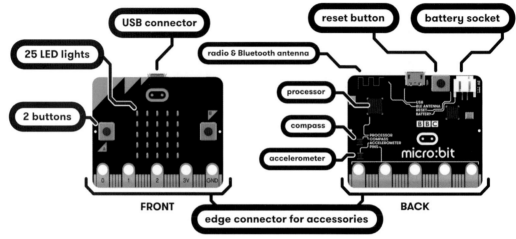

USB connector

25 LED lights

2 buttons

radio & Bluetooth antenna

reset button

battery socket

processor

compass

accelerometer

FRONT

BACK

edge connector for accessories

〈이미지 참조: https://microbit.org/guide/features/〉

에지 커넥터 핀 맵

에지 커넥터 핀맵

■ 0V
■ 특수기능 핀
■ 3V
■ 디지털 입출력 핀
■ 아날로그 입력 / 디지털 입출력
▥ 디지털 입력 (버튼과 공유)
■ 디지털 출력 (LED메트릭스와 공유)

핀 명		설명
22	0V	0V / 접지
0V	0V	0V / 접지
21	0V	0V / 접지
20	SDA	I2C 시리얼 데이터 핀 / 자계센서 & 가속도 센서와 연결
19	SCL	I2C 시리얼 클럭 핀 / 자계센서 & 가속도 센서와 연결
18	3V	3V / 전원
3V	3V	3V / 전원
17	3V	3V / 전원
16	DIO	범용 디지털 입출력 (P16)
15	MOSI	SPI - Master Output/Slave Input
14	MISO	SPI - Master Input/Slave Output
13	SCK	SPI - Clock
2	PAD2	범용 디지털 / 아날로그 입출력 (P2)
12	DIO	범용 디지털 입출력 (P12)
11	BTN_B	B 버튼 - 평소 High, 누르면 Low (Button B)
10	COL3	LED 메트릭스 Column 3
9	COL7	LED 메트릭스 Column 7
8	DIO	범용 디지털 출력 (P8)
1	PAD1	범용 디지털 / 아날로그 입출력 (P1)
7	COL8	LED 메트릭스 Column 8
6	COL9	LED 메트릭스 Column 9
5	BTN_A	A 버튼 - 평소 High, 누르면 Low (Button A)
4	COL2	LED 메트릭스 Column 2
0	PAD0	범용 디지털 / 아날로그 입출력 (P0)
3	COL1	LED 메트릭스 Column 1

BBC micro:bit 프로그래밍

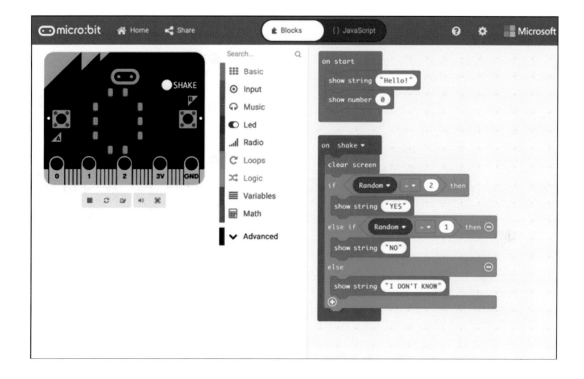

    일반적으로 사용되는 블럭형 코딩 방식을 제공하는 에디터로 코딩 초급자나 초등학교 등에서 코딩 교육용으로 많이 사용된다. 아래 링크를 클릭해서 접속해 보면, 웹상에서 자유롭게 코딩할 수 있으며 저장과 불러오기 등의 기능을 제공하기 때문에 장소에 구애받지 않고 사용할 수 있다. 또한, Javascript로 선택하여 코딩을 작성할 수 있어서, 블럭형 코딩과 스크립트형 코딩을 할 수 있는 장점이 있다. 또한, 시뮬레이터가 내장되어 있어 작성된 코드를 바로 확인해 볼 수도 있다.

https://makecode.microbit.org/#

BBC micro:bit 시작하기

① makecode.microbit.org를 접속한다.

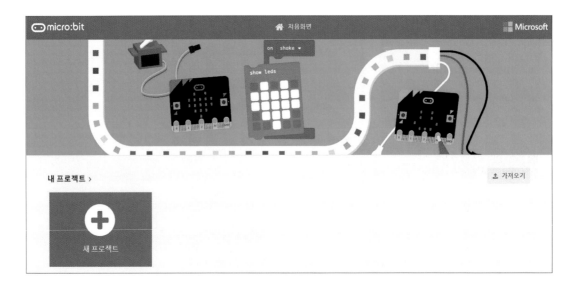

② 새 프로젝트를 클릭한다. 블록 코딩을 작성한다.

BBC micro:bit 코딩하기

① 사용자가 원하는 블록을 선택한다. (예: 기본 – 아이콘 출력)

② 선택된 블록을 다른 블록들과 연결하여 코딩한다.

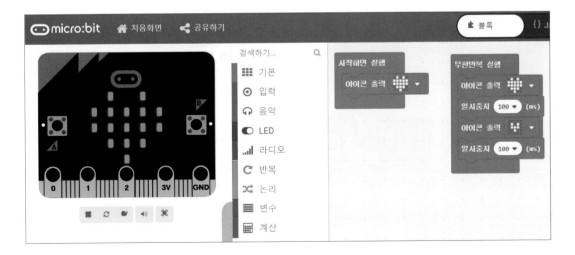

BBC micro:bit 다운로드

코딩이 완료되면 실행시키기 위해 micro:bit에 다운로드를 해야 한다. 다운로드를 하기 위해서는 ⟨ ± 다운로드 ⟩ 버튼을 클릭하거나, ⟨예제1⟩ ⟨🖫⟩에 파일 이름을 지정한 후에 저장하면 된다.

① 파일 이름을 지정한다. (예: 예제1) ⟨ ± 다운로드 ⟩ 버튼을 클릭한다.

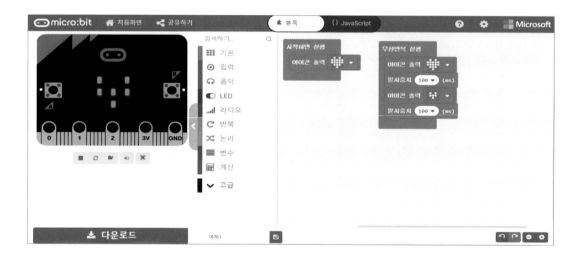

② 다운로드 창이 나타나면 녹색 버튼을 클릭한다. ⟨microbit-예제1.hex ±⟩

③ micro:bit 드라이브를 선택하여 저장 버튼을 클릭한다. (예: MICROBIT(F:))

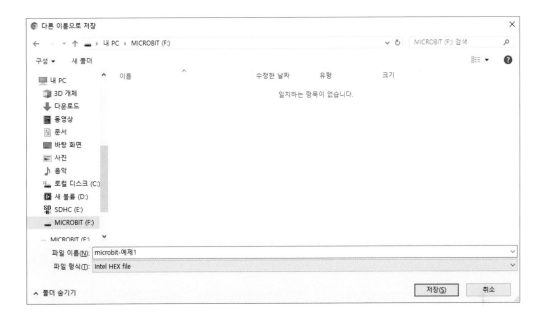

④ micro:bit의 주황색 LED가 깜박거리면서 다운로드가 진행되고, 완료가 되면 LED는 깜
박이지 않고 작성된 코드가 실행된다.

제2장
micro:bit 코딩 익히기

기본 기능 익히기

- ⠿ 기본
- ◉ 입력
- 🎧 음악
- ⬤ LED
- ↻ 반복
- ⤬ 논리
- ≡ 변수, 계산
- 📶 라디오

고급 기능 익히기

- *f(x)* 함수
- ¹₂³≡ 배열
- 🖼 이미지

기본 기본 기능 익히기

Hello, World

 **기능 설명**

LED 스크린에 "Hello, World" 문자열을 반복적으로 출력한다.

블록 설명

micro:bit가 전원이 켜지거나 리셋 후에 제일 먼저 실행되는 부분으로 초기화 코드를 넣는다.

micro:bit가 초기화 후에 무한반복을 하면서 실행되는 부분으로 전원이 꺼질 때까지 동작하게 된다.

[문자열 출력] 블록은 LED 스크린에 문자열을 출력하는 기능을 하며, 문자열일 경우에는 오른쪽에서 왼쪽으로 스크롤 되면서 출력된다.

02 내장 아이콘 출력

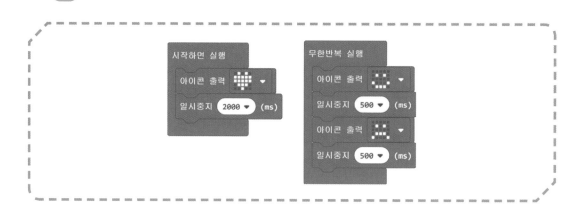

 기능 설명

LED 스크린에 내장된 아이콘을 일정 시간 간격으로 출력한다.

시작하면 하트 모양의 아이콘이 2초간 출력된 후, ▦과 ▦이 0.5초 간격으로 번갈아가면서 출력된다.

블록 설명

LED 스크린에 내장된 아이콘을 출력한다.

화살표를 클릭하면 내장된 아이콘이 보이며, 내장된 아이콘은 32개가 있다.

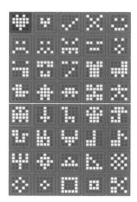

이 블록을 만나면 프로그램은 일시중지된다.

밀리초(ms) 단위로 설정되며, 밀리초는 1/1000초이다.

03 아이콘 만들기

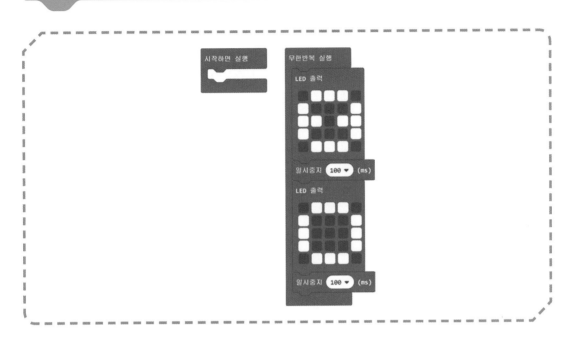

기능 설명

내장된 아이콘이 아닌 내가 만든 아이콘을 출력해 본다

블록 설명

5×5 크기의 LED 스크린을 직접 아이콘을 그려서 출력할 수 있다.

원하는 위치의 LED를 마우스로 클릭하면 실행될 때 LED가 켜지고 다시 클릭하면 꺼진다.

멋진 아이콘을 만들어서 출력해 보자.

04 숫자 출력 - 카운트다운

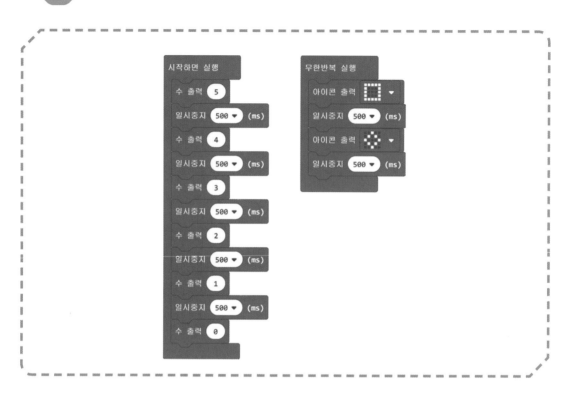

기능 설명

숫자를 LED 스크린에 출력해 본다. [시작하면 실행] 블록에서 5부터 0까지 카운트다운을 하면서 숫자를 출력해 본다. 카운트다운이 완료되면 두 개의 아이콘이 0.5초 간격으로 번갈아 가면서 출력된다.

블록 설명

 숫자를 LED 스크린에 출력하는 블록으로 정수를 입력할 수 있다.

입력된 숫자가 2자리 이상이면, LED 스크린에 스크롤 되면서 표시된다.

⬜⬜ 스위치 입력

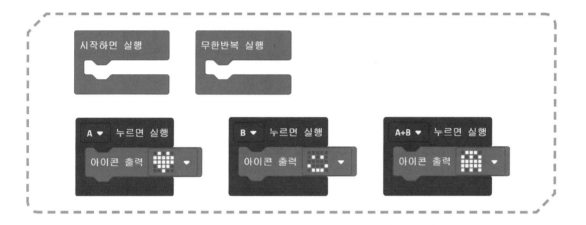

🧩 기능 설명

micro:bit에는 A, B 두 개의 스위치를 지원하며, 이 두 스위치를 각각 누를 때와 동시에 누를 때에 대한 동작을 만들어 본다.

🧩 블록 설명

A 또는 B 스위치의 누르는 동작에 맞춰서 실행된다. 화살표를 클릭하면 A, B, A+B 세 가지의 선택을 할 수 있으며, A+B는 두 개의 스위치를 동시에 누를 경우에 해당한다.

예제에서처럼 [무한반복 실행] 블록에 넣을 필요 없다.

기능 설명

micro:bit에는 가속도 센서가 내장되어 있어서 흔들림에 대한 동작을 인식할 수 있다. 평소 웃는 표정이 LED 스크린에 표시되다가 흔들림이 감지되면 우는 표정을 1초 정도 출력한다.

블록 설명

micro:bit의 동작을 감지하는 블록으로 [흔들림]뿐만 아니라 화살표를 클릭해 보면 다양한 동작을 감지하는 것을 볼 수 있다.

07 동작 감지

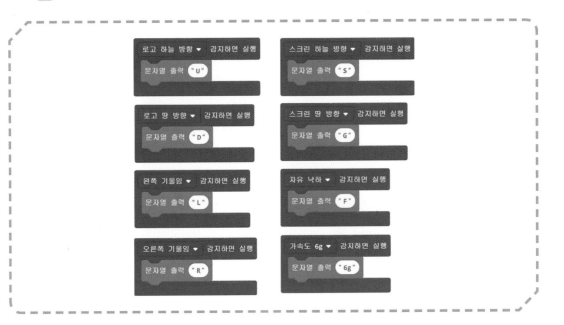

기능 설명

micro:bit에는 가속도 센서가 내장되어 있어서 다양한 동작 감지에 대해 LED 스크린에 출력한다.

블록 설명

블록 설명 그림과 같이 micro:bit의 로고를 하늘로 향하거나 땅 방향으로 놓으면 LED 스크린의 글씨가 바뀌는 것을 확인할 수 있다.

다른 동작에 대해서도 동작하는지 확인해 보자.

08 센서값 읽기

기능 설명

micro:bit에 내장되어 있는 각종 센서값을 읽어서 표시해 본다.

블록 설명

숫자값을 출력하는 블록이다. LED 스크린에 출력한다. 아래 블록을 숫자 0의 위치에 넣으면 된다.

가속도 센서의 x, y, z축에 대한 크기를 전달한다.

빛 센서값에 대한 크기를 전달한다.

자기 센서의 각도값을 전달한다.

온도 센서의 온도값을 전달한다.

기울기 센서의 앞-뒤, 좌-우의 각도값을 전달한다.

자기 센서의 x, y, z축에 대한 크기를 전달한다.

학교 종이 땡땡땡

시작하면 실행

무한반복 실행

솔	1/2 ▾ 박자	출력
솔	1/2 ▾ 박자	출력
라	1/2 ▾ 박자	출력
라	1/2 ▾ 박자	출력
솔	1/2 ▾ 박자	출력
솔	1/2 ▾ 박자	출력
미	1 ▾ 박자	출력
솔	1/2 ▾ 박자	출력
솔	1/2 ▾ 박자	출력
미	1/2 ▾ 박자	출력
미	1/2 ▾ 박자	출력
레	1 ▾ 박자	출력
솔	1/2 ▾ 박자	출력
솔	1/2 ▾ 박자	출력
라	1/2 ▾ 박자	출력
라	1/2 ▾ 박자	출력
솔	1/2 ▾ 박자	출력
솔	1/2 ▾ 박자	출력
미	1 ▾ 박자	출력
솔	1/2 ▾ 박자	출력
미	1/2 ▾ 박자	출력
레	1/2 ▾ 박자	출력
미	1/2 ▾ 박자	출력
도	1 ▾ 박자	출력

기능 설명

micro:bit의 P0 핀에 음계를 출력하는 기능을 이용하여 "학교 종이 땡땡땡"을 출력한다.

블록 설명

 원하는 음과 박자를 출력하는 기능을 갖는 블록이다.

화살표를 클릭하면 다양한 박자를 선택할 수 있다.

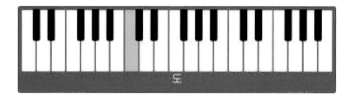 부분을 클릭하면 피아노 건반이 보이게 되고, 원하는 음을 선택한다.

10 멜로디 재생

기능 설명

micro:bit의 내장된 멜로디를 선택해서 출력한다. 스위치 A와 B를 누르면 각각 다른 멜로디를 출력할 수 있다.

블록 설명

내장된 멜로디를 선택해서 재생하는 블록으로, [멜로디] 옆의 화살표를 클릭하면 다양한 내장된 멜로디를 선택할 수 있다.

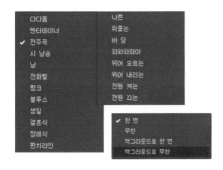

[한 번] 옆의 화살표를 클릭하면, 재생 횟수를 선택할 수 있으며, [백그라운드로 한 번] 또는 [백그라운드로 무한]을 선택하면 다른 동작과 상관없이 동작이 가능하다.

백그라운드로 멜로디 재생

기능 설명

micro:bit의 내장된 멜로디를 백그라운드로 재생한다. 백그라운드 재생은 다른 동작과는 상관없이 동작하는 것으로 배경음악으로 생각하면 좋을 듯하다.

블록 설명

micro:bit가 시작하면 백그라운드로 [시 낭송] 멜로디를 무한 출력으로 설정한다.

두 개의 아이콘 출력이 번갈아 가면서 표시가 되더라도 멜로디가 계속 재생되는 것을 확인할 수 있다.

음악 　　　　　　　기본 기능 익히기

12 멜로디 재생 속도 변경

```
시작하면 실행
    빠르기(분당 박자 개수)를 120 만큼 변경
        결혼식 ▼  멜로디  한 번 ▼  출력


A ▼  누르면 실행                    B ▼  누르면 실행
    빠르기(분당 박자 개수)를 20 만큼 변경      빠르기(분당 박자 개수)를 -20 만큼 변경
```

 기능 설명

　micro:bit의 내장된 멜로디를 재생할 속도를 변경한다. 백그라운드로 재생되는 멜로디의 기본 속도를 120bpm[1분당 비트(beat) 수]로 설정하여 출력한다. 스위치 A가 눌리면 20 bpm만큼 증가하고, 스위치 B를 누르면 20 bpm만큼 감소한다.

기능 설명 블록 설명

빠르기(분당 박자 개수)를 120 만큼 변경

멜로디 재생속도를 설정한다. 멜로디 출력 전에 설정하거나 재생 중에도 설정이 가능하다. (120)을 더블클릭하여 변경한다.

빠르기(분당 박자 개수)를 20 만큼 변경

멜로디 재생 속도를 지정된 값만큼 변경한다. 양수의 값은 속도가 빨라지고, 음수의 값은 속도가 느려진다.

LED 켜기/끄기

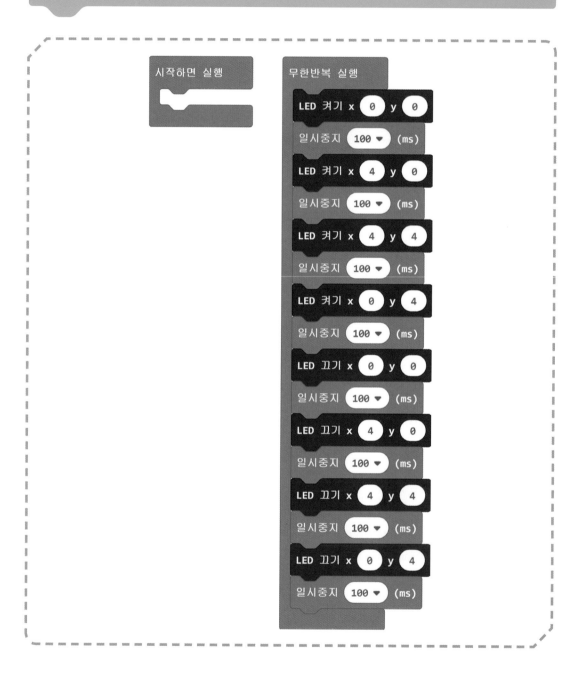

시작하면 실행

무한반복 실행

LED 켜기 x 0 y 0

일시중지 100 ▼ (ms)

LED 켜기 x 4 y 0

일시중지 100 ▼ (ms)

LED 켜기 x 4 y 4

일시중지 100 ▼ (ms)

LED 켜기 x 0 y 4

일시중지 100 ▼ (ms)

LED 끄기 x 0 y 0

일시중지 100 ▼ (ms)

LED 끄기 x 4 y 0

일시중지 100 ▼ (ms)

LED 끄기 x 4 y 4

일시중지 100 ▼ (ms)

LED 끄기 x 0 y 4

일시중지 100 ▼ (ms)

LED 스크린의 5×5 배열의 LED를 임의의 위치 (x, y)에 대해 순서대로 켜고 끈다.

블록 설명

원하는 x, y 좌표의 LED를 켜고(ON) 끌(OFF) 수 있는 블록으로, x 좌표는 왼쪽에서 오른쪽으로의 좌표이고, 0이 맨 왼쪽, 4가 맨 오른쪽이다.

y 좌표는 위에서 아래 방향의 좌표이고, 0이 맨 위, 4가 맨 아래의 좌표이다.

(0,0)은 맨 위의 왼쪽 좌표이며, (4,4)는 맨 아래의 오른쪽 좌표이다.

좌표의 선택은 숫자 부분을 클릭하면 슬라이드 바를 움직여서 설정할 수 있다.

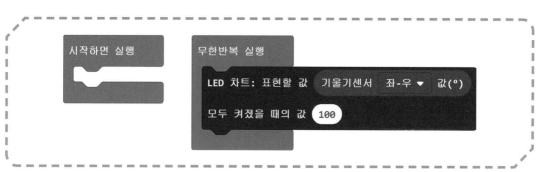

기능 설명

LED 스크린의 5×5 배열의 LED를 차트처럼 사용한다. 기울기 센서의 좌-우 기울기에 대한 값을 차트로 표현한다. 왼쪽으로 기울일 때와 오른쪽으로 기울일 때의 차트의 변화를 확인할 수 있다.

블록 설명

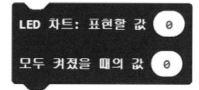

[표현할 값]과 [모두 켜졌을 때의 값]의 비율로 LED 막대 차트를 출력한다. 예를 들어, 온도계의 값이 0도에서 100도까지 표시가 가능하다고 하면, [표현할 값]은 0도에서 시작하고 [모두 켜졌을 때의 값]은 100이 된다. 이 값을 0으로 두면 자동으로 값이 조정된다.

 LED 밝기 조정

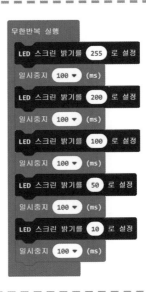

 기능 설명

LED 스크린에 출력된 아이콘의 밝기를 최댓값(255)에서부터 0.1초 간격으로 조금씩 줄이면서 출력한다.

 블록 설명

LED 스크린의 전체 밝기를 조정하는 블록으로, 0에서 255의 값으로 조정할 수 있다. 255가 가장 밝고 작아질수록 어두워진다.

특정 좌표 (x, y)에 대해서도 개별적으로 밝기를 조정할 수 있다.

 횟수만큼 동작 반복하기

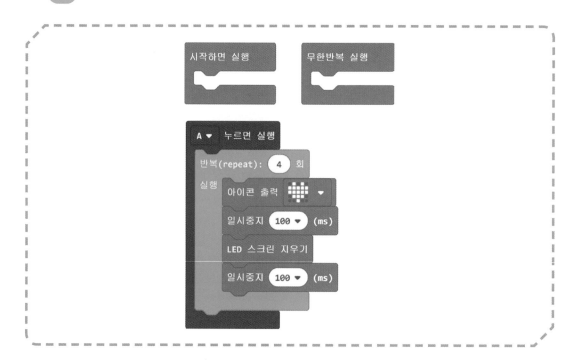

기능 설명

스위치 A를 누르면 LED 스크린의 아이콘이 켜졌다, 꺼지기를 0.1초 간격으로 4회 반복한다.

블록 설명

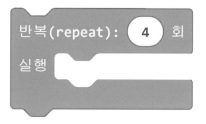

원하는 횟수만큼 동작을 반복하는 블록으로, (4) 회 부분을 클릭하여 원하는 횟수를 입력한다.

[실행] 부분에 반복할 동작을 넣는다.

17 조건 동작 반복하기

시작하면 실행

무한반복 실행
반복(while): A ▼ 눌림 상태 인 동안
실행 아이콘 출력 ▦ ▼
일시중지 100 ▼ (ms)
LED 스크린 지우기
일시중지 100 ▼ (ms)

🧩 기능 설명

스위치 A를 누르고 있는 동안 아이콘 표시가 켜졌다, 꺼지기를 반복한다. 스위치 A를 누르지 않으면 동작이 멈춘다.

🧩 블록 설명

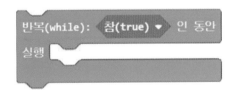

⟨참(true)⟩인 동안 반복을 하는 블록으로, ⟨참(true)⟩ 대신에 다른 조건을 넣을 수 있는데, 예제는 [입력] 항목의 스위치 상태를 반환하는 블록을 사용했다. ⟨참(true)⟩ 부분의 화살표를 클릭하면 ⟨거짓(false)⟩ 로 변경이 가능하며, 거짓인 동안 반복한다.
스위치 A가 눌린 상태이면 true를, 그렇지 않으면 false를 반환한다.

```
A ▼ 누르면 실행
    반복(for):  index  값을 0 부터 ~  9  까지 1씩 증가시키며
    실행
        수 출력  index ▼
        일시중지  100 ▼  (ms)
```

기능 설명

스위치 A를 누르면 (index)의 값을 0부터 9까지 1씩 증가시키면서 LED 스크린에 출력한다.

블록 설명

```
반복(for):  index  값을 0 부터 ~  9  까지 1씩 증가시키며
실행
```

0부터 원하는 값만큼의 값을 1씩 증가시키며 (index)의 값을 변경하는 블록으로, (index) 블록은 [변수] 항목에서 가져올 수 있다.

예제처럼 변수의 값을 [수 출력] 블록의 입력으로 (index)를 사용할 수 있다.

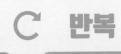
리스트 목록 반복하기

시작하면 실행

리스트 ▼ 에　1　3　5　7　9　⊖　⊕　저장

A ▼ 누르면 실행

반복(foreach): **value** 값을 리스트 ▼ 의 각 값으로 바꿔가며
실행　수 출력 **value** ▼
　　　일시중지 100 ▼ (ms)

기능 설명

스위치 A를 [리스트]에 저장된 1부터 9까지의 홀수값을 LED 스크린에 출력한다.

블록 설명

[배열] 항목에 리스트를 설정하는 블록으로, (+) 버튼을 클릭하여 리스트 항목을 추가할 수 있다. (−) 버튼을 클릭하면 리스트 항목을 제거한다.

(list)의 항목을 처음 항목부터 순서대로 (value) 값에 반환한다. 예제처럼 [수 출력] 블록의 입력으로 (value)를 사용하여 LED 스크린에 출력할 수 있다.

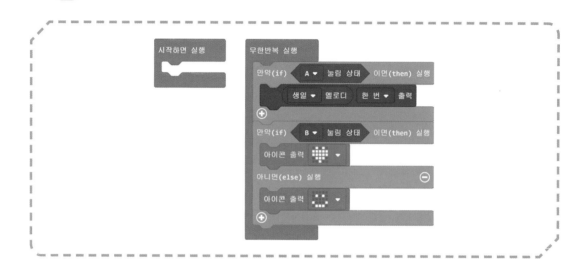

🧩 기능 설명

　무한반복 실행하면서 조건에 맞게 동작을 하는 코드로 스위치 A가 눌리면 멜로디가 1번 출력되고, 스위치 B가 눌리면 아이콘 〈하트〉가, 그렇지 않으면 아이콘 〈웃는 얼굴〉이 출력된다.

🧩 블록 설명

조건에 따라 동작을 하는 블록으로 〈참(true)〉 조건이 참이면 실행이 된다. 이 블록은 〈참(true)〉이거나 그렇지 않을 경우에 각각 실행이 된다.

두 블록 모두 〈참(true)〉 위치에 입력에 해당하는 블록을 넣어 그 입력의 값이 참이면 실행이 된다.

예제에서는 스위치의 입력이 눌린 상태를 〈참(true)〉으로 입력된다.

무한반복 실행

만약(if)   기울기센서 좌-우 ▾ 값(°)   < ▾   -30   이면(then) 실행

    화살표 출력 서쪽 ▾

아니면서 만약(else if)   기울기센서 좌-우 ▾ 값(°)   > ▾   30   이면(then) 실행 ⊖

    화살표 출력 동쪽 ▾

아니면서 만약(else if)   기울기센서 좌-우 ▾ 값(°)   = ▾   0   이면(then) 실행 ⊖

    수 출력 0

아니면(else) 실행   ⊖

    아이콘 출력 ⠿ ▾

⊕

🧩 기능 설명

기울기 센서의 값을 읽어서 왼쪽으로 기울이면서 −30보다 작으면 ← 화살표를, 오른쪽으로 기울이면서 30보다 크면 → 화살표를 표시한다. 기울어지지 않고 수평이면 숫자 0을 출력한다. 그렇지 않으면 +를 표시한다.

🧩 블록 설명

비교 연산을 위한 블록으로 [만약(if) 블록]의 입력으로 사용된다. 양쪽의 값이 서로 같거나 크거나 등의 조건이 참이 되면 실행되며, 6개의 조건을 선택해서 사용할 수 있다.

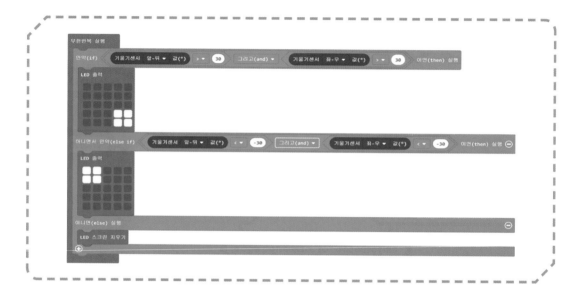

기능 설명

두 가지의 조건이 동시에 만족할 경우 실행되는 조건으로 오른쪽으로 30도 이상 기울고 뒤쪽으로 30도 이상 기울면 LED 스크린의 오른쪽 아래 방향에 박스가 표시되고, 왼쪽으로 -30 이상 기울고 앞쪽으로 -30도 이상 기울면 LED 표시장의 왼쪽 위쪽에 박스가 표시된다.

블록 설명

[만약(if)] 블록의 조건으로 사용할 수 있는 블록으로 양쪽의 조건이 동시에 만족하거나[그리고(and)], 둘 중에 하나만 만족하면 [또는(or)] 참이 되는 조건 블록이다.

예제에서는 기울기 센서의 앞-뒤, 좌-우의 기울기 값이 동시에 만족하면 실행되도록 코딩되어 있다.

변수 / 계산　　　기본 기능 익히기

변수 만들기

1. 변수 만들기

[변수] 항목에서 "변수 만들기..."를 클릭한다.

2. 새 변수 이름 저장

새 변수 이름을 지정한다. 영문/한글 모두 가능하다.

3. 변수 사용하기

현재 변수의 값을 반환한다.

변수에 새로운 값을 지정한다.

현재 변숫값에 +1의 값을 지정한다.

⊟닉 변수 사용

```
무한반복 실행
    기울기센서 ▼ 에 기울기센서 좌-우 ▼ 값(°) 저장
    만약(if)    기울기센서 ▼   < ▼   -30   이면(then) 실행
        화살표 출력 서쪽 ▼
    아니면서 만약(else if)   기울기센서 ▼   > ▼   30   이면(then) 실행 ⊖
        화살표 출력 동쪽 ▼
    아니면서 만약(else if)   기울기센서 ▼   = ▼   0   이면(then) 실행 ⊖
        수 출력 0
    아니면(else) 실행                                              ⊖
        아이콘 출력 ▒ ▼
    ⊕
```

기능 설명

예제 [비교 조건 동작]을 변수를 사용하여 코드를 작성해 보았다. 기울기 센서의 값을 읽어서 (기울기 센서) 변수에 넣어서 조건문에서 사용하였다.

블록 설명

현재 변수(기울기 센서)에 값을 저장한다. 숫자를 입력하거나 예제처럼 센서의 현재값을 입력할 수 있다. 〈기울기 센서〉 변수는 미리 만들어 둔다.

05 변수 증가 / 감소하기

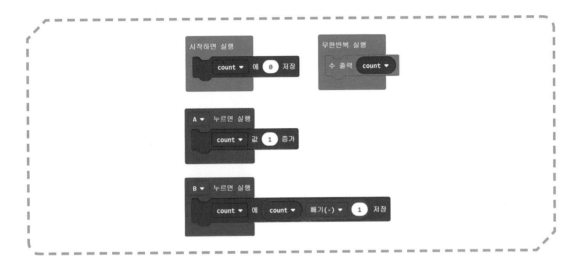

 기능 설명

변수의 값을 증가하거나 감소하여 출력한다. count 변수를 만든 후에 변숫값의 +1 증가
는 변수 블록을 사용하고, -1 감소는 [계산] 항목의 빼기(-) 블록을 사용한다. 시작하면 변
수 count에 0을 저장하고, 스위치 A를 누르면 증가, 스위치 B를 누르면 감소한다.

 블록 설명

변수의 현재값에서 1을 증가한 후에 변수에 저장한다.

두 수의 값을 더한다.
두 수의 값을 뺀다. 앞의 수에서 뒤의 수를 뺀다.
두 수의 값을 곱한다. 앞의 수에서 뒤의 수를 곱한다.
두 수의 값을 나눈다. 앞의 수에서 뒤의 수를 나눈다.

기능 설명

　　주사위 게임을 구현해 보았다. 랜덤 수를 생성하는 블록을 사용하여, micro:bit가 자유 낙하 동작을 감지하면 1에서 6까지의 랜덤값이 생성되고 이 값을 "주사위" 변수에 저장하여 LED 스크린에 출력한다.

블록 설명

`0 부터 10 까지의 정수 랜덤값`　지정한 범위의 랜덤값을 반환하는 블록으로, 순서가 정해지지 않은 값을 이용하고자 할 경우 사용한다. 예제에서와 같이 주사위 게임 등에 활용하면 재미있는 게임을 만들 수 있다.

무선 전송 – 숫자

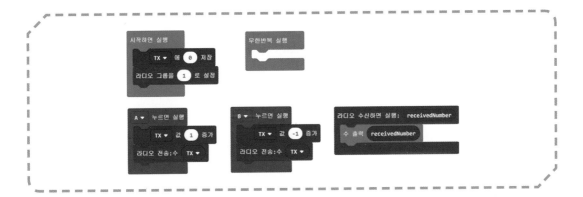

기능 설명

    두 개의 micro:bit를 준비한 후에 예제 코드를 각각 다운로드한다. 송신 변수(TX)의 값을 0으로 초기화한 후에, 스위치 A를 누르면 1이 증가하여 저장되며, TX 변수를 전송한다. 스위치 B를 누르면 1이 감소하여 저장되며, TX 변수를 저장한다. 전송된 TX 변수의 값은 다른 micro:bit에 수신되어 receivedNumber 변수에 저장되고, LED 스크린에 표시된다. 두 개의 micro:bit를 각각 스위치를 눌러 보면 다른 쪽의 micro:bit의 LED 스크린에 숫자가 표시되는 것을 확인할 수 있다.

블록 설명

라디오 그룹을 설정한다. 그룹이 같으면 서로 통신이 가능하다.

숫자를 라디오 전송한다. 숫자를 직접 지정하거나 변숫값을 지정할 수 있다.

라디오를 통해 숫자가 수신되면 실행되는 블록으로 숫자를 수신하여 변수에 저장하거나 직접 사용할 수 있다.

░░ 무선 전송 - 문자열

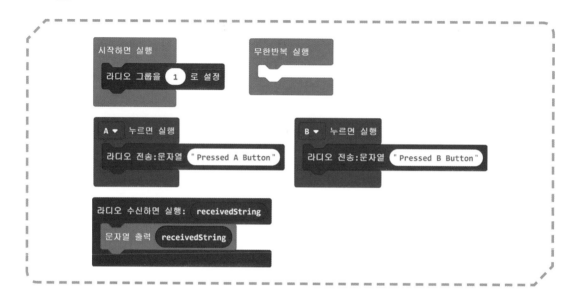

🧩 기능 설명

두 개의 micro:bit를 준비한 후에 예제 코드를 각각 다운로드한다. 앞의 예제와 동일하게 한쪽의 micro:bit의 스위치를 누르면 다른 한쪽의 LED 스크린에 출력된다. 다른 점은 앞의 예제는 숫자를 전송하였고, 이 예제에서는 문자열을 전송하였다.

🧩 블록 설명

문자열을 라디오 전송한다. 문자열을 직접 입력하거나 변수를 사용하여 전송할 수 있다.

문자열을 수신하면 실행되는 블록으로 별도의 변수 설정 없이 "receivedString" 변수를 사용할 수 있다.

변수와 값을 전송

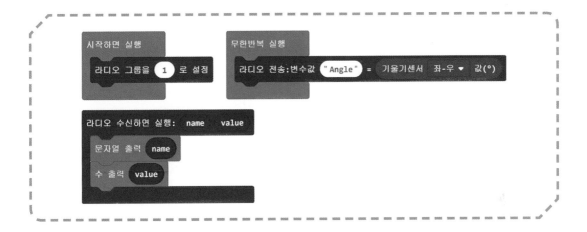

기능 설명

두 개의 micro:bit를 준비한 후에 예제 코드를 각각 다운로드한다. 변수를 지정하여 변수와 숫자값을 동시에 전송한다. 다른 한쪽의 micro:bit는 변수와 숫자값을 각각 수신한 후에 각각을 사용할 수 있다. 수신된 변수와 숫자값을 LED 스크린에 순서대로 출력한다.

블록 설명

"name" 부분의 변수를 수정하여 변수를 지정할 수 있으며, 해당 변수의 값을 지정하여 동시에 전송한다. 변수(name)와 값(value)의 값을 동시에 수신하여 각각을 변수에 저장한다. [변수] 항목에서 각각을 가져올 수 있다. 예제에서는 name 변수에 "Angle"이 저장되고, value 변수에는 수신된 숫자값이 저장된다.

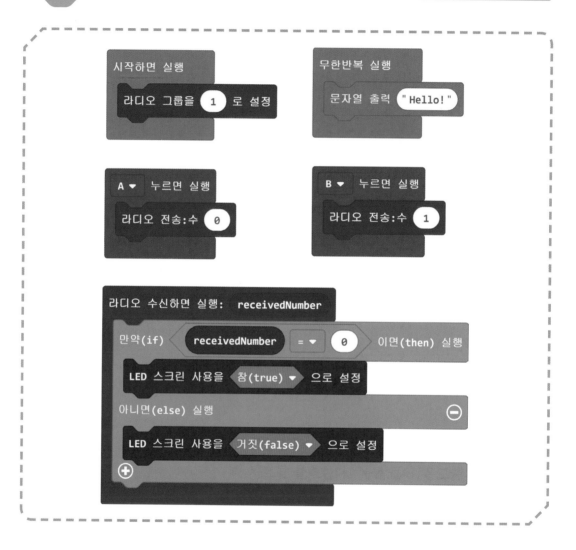

두 개의 micro:bit를 준비한 후에 예제 코드를 각각 다운로드한다. "Hello!" 문자열이 LED 스크린에 무한 반복으로 스크롤되는 상태에서, 다른 쪽의 micro:bit의 스위치 B를 누르면 LED 스크린이 비활성화되어 꺼지게 되고, 다시 스위치 A를 누르면 LED 스크린에 문자열이 나타난다. 이런 동작으로 한쪽에서 다른 한쪽을 제어하는 리모콘으로 사용할 수 있다.

블록 설명

수신된 receivedNumber 변수의 값에 따라서 LED 스크린을 사용하거나(true) 사용하지 않을(false) 수 있다.

다양한 조건을 만들어서 사용해 보자.

$f(x)$ 함수 ‖ 고급 기능 익히기

함수 만들기

1. 함수 만들기

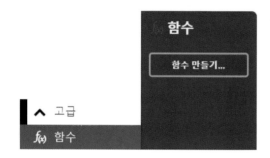

[$f(x)$ 함수] 항목에서 "함수 만들기..."를 클릭한다.

2. 함수 이름 입력

"doSometing"에 함수의 이름을 입력한다.

3. 함수 사용하기

함수 항목을 열어 생성된 함수 블록을 클릭 후 드래그해서 에디터에 가져다 놓는다.

32 하트 깜빡이기 함수

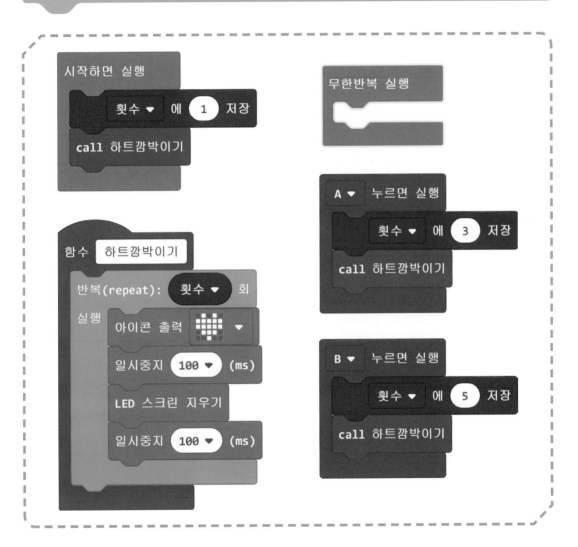

하트를 지정된 횟수만큼 깜박이는 함수를 만들어서 사용해 본다. 변수(횟수)를 만든 후에 변수의 수만큼 반복하도록 한다. 시작하면서 1번 깜박이도록 함수를 호출하고, 스위치 A 와 스위치 B가 눌리면 각각 3번, 5번 깜박이게 된다.

블록 설명

[하트 깜박이기] 함수로 변수(횟수)만큼 반복(repeat) 실행된다.

이렇게 여러 군데에서 필요한 경우 함수를 만들어 사용하며, 만들어진 함수는 함수 블록을 이용해서 호출할 수 있다.

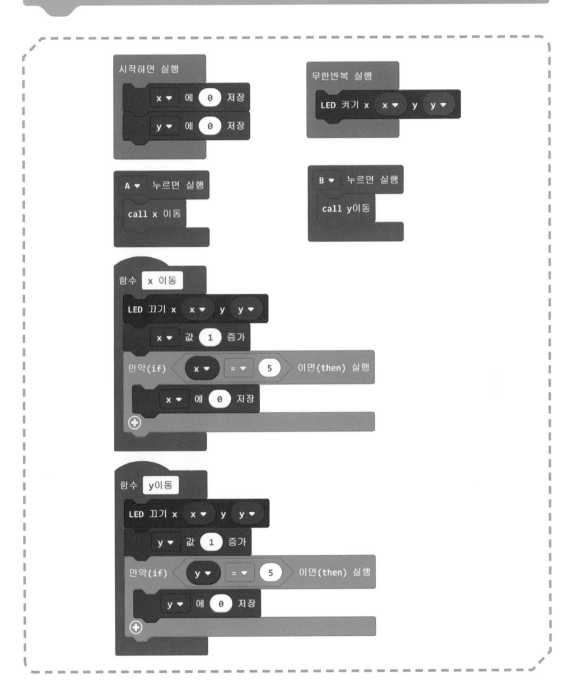

기능 설명

두 개의 함수를 만들어서 각각 호출해 본다. 하나의 함수는 LED를 x 방향으로 이동시키면서 켜지고, 맨 오른쪽에서는 다시 처음으로 이동한다. 다른 하나의 함수는 LED를 y 방향으로 이동시키면서 켜지고, 맨 아래쪽에서는 다시 맨 위로 이동한다. 스위치 A는 [x이동] 함수를 호출하고, 스위치 B는 [y이동] 함수를 호출한다.

블록 설명

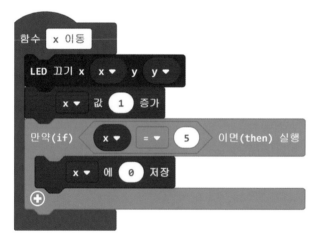

LED를 이동하는 것처럼 보이게 만드는 기능으로 현재 x, y의 좌표의 LED를 끄고, 변경된 좌표로 LED를 켠다. 예제에서는 [무한반복 실행] 블록에서 현재 좌표의 LED를 켜고 있다. 변경된 좌표가 5가 되면 다시 0으로 초기화한다.

04 함수에서 함수 호출하기

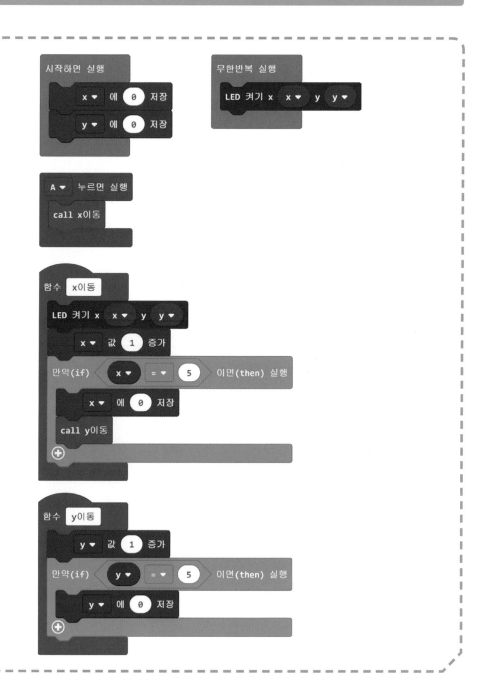

기능 설명

앞의 예제와 비슷한 기능으로 스위치 A를 누르면 LED가 x 방향 오른쪽으로 이동하게 되고, 맨 오른쪽에서 한 번 더 누르면 y 방향으로 이동하면서 x 위치는 맨 왼쪽으로 이동한다. 스위치 A를 누르면 [x 이동] 함수가 호출되면서 x 방향의 이동을 실행하고, x의 위치가 5가 되면 [y 이동] 함수를 호출하여 y 방향의 이동을 실행하게 된다. 함수에서 다른 함수를 호출하는 것이 가능하다는 것을 알 수 있다.

블록 설명

05 리스트에 랜덤 수 저장

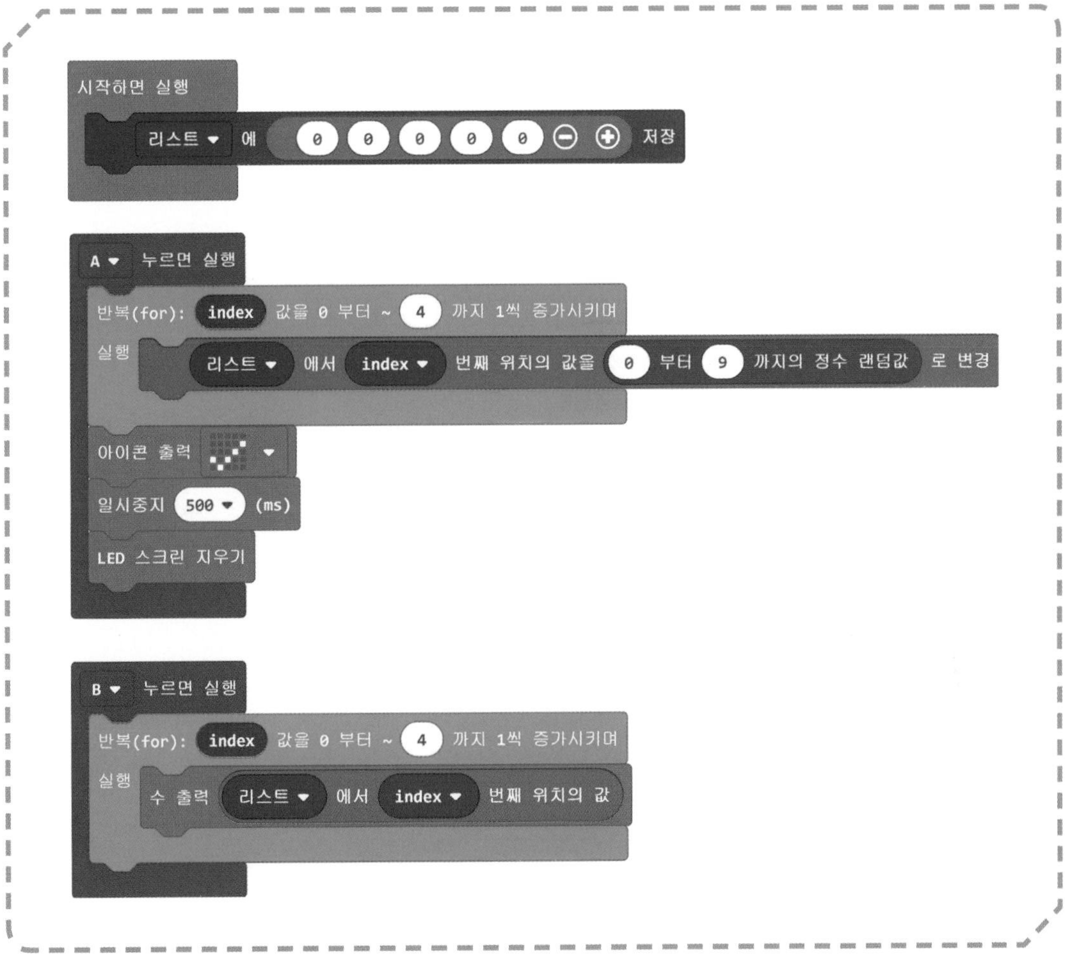

시작하면 실행

리스트 ▼ 에 ⓪ ⓪ ⓪ ⓪ ⓪ ⊖ ⊕ 저장

A ▼ 누르면 실행

반복(for): index 값을 0 부터 ~ 4 까지 1씩 증가시키며

실행 리스트 ▼ 에서 index ▼ 번째 위치의 값을 0 부터 9 까지의 정수 랜덤값 로 변경

아이콘 출력 ▼

일시중지 500 ▼ (ms)

LED 스크린 지우기

B ▼ 누르면 실행

반복(for): index 값을 0 부터 ~ 4 까지 1씩 증가시키며

실행 수 출력 리스트 ▼ 에서 index ▼ 번째 위치의 값

5개의 요소를 갖는 리스트를 생성한 후에, 스위치 A를 누르면 5개의 요소에 랜덤 수를 생성해서 저장한다. 스위치 B를 누르면 랜덤 생성되어 저장된 리스트의 각 요소를 순서대로 LED 스크린에 출력한다.

숫자가 저장되는 리스트를 생성한다. 리스트 요소의 개수는 +, − 버튼을 클릭해서 생성하거나 삭제할 수 있다.

리스트의 요소값을 변경한다. 원하는 위치의 요소의 값을 임의의 값으로 변경할 수 있다.

리스트의 원하는 위치의 요소값을 가져온다.

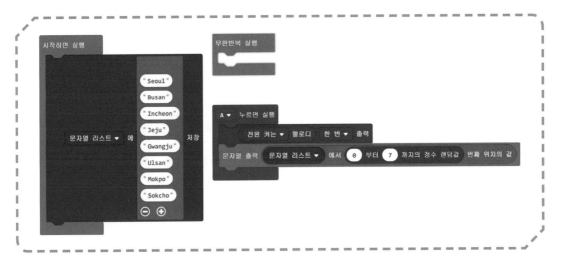

기능 설명

가고 싶은 여행지를 문자열 리스트에 저장한 후에 스위치 A를 눌러서 랜덤하게 선택하여 LED 표시창에 출력한다. (+) 버튼을 클릭하여 더 많은 여행지를 추가해 보자.

블록 설명

문자열을 리스트에 추가한다.
(+) 버튼을 클릭하여 문자열 리스트를 추가할 수 있다.
문자열 리스트에서 원하는 위치의 문자열을 반환한다.

37 해외 여행지 목록 만들기

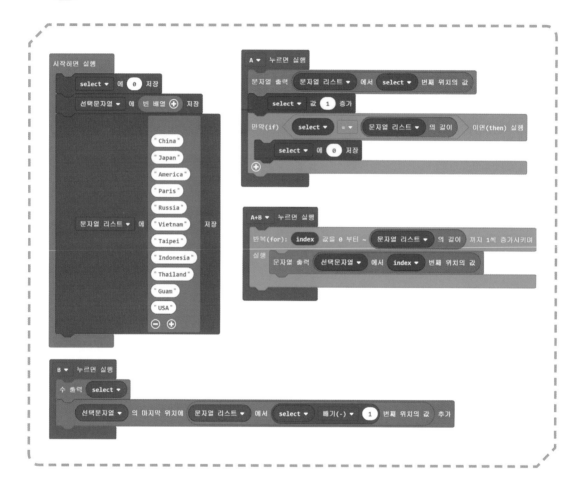

기능 설명

해외 여행지가 저장된 문자열 리스트를 스위치 A를 눌러 여행지 목록을 순서대로 보여 준다. 원하는 여행지가 나오면 스위치 B를 눌러 다른 문자열 리스트에 저장을 한다. 저장된 목록은 스위치 A와 B를 동시에 누르면 선택 저장된 목록을 확인할 수 있다.

블록 설명

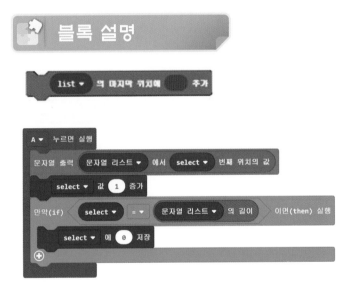

리스트의 마지막 위치에 새로운 항목을 추가한다.
문자열 리스트에서 선택된 항목을 출력하고, 선택된 항목이 문자열 리스트의 마지막 위치면 처음 위치로 변경한다.

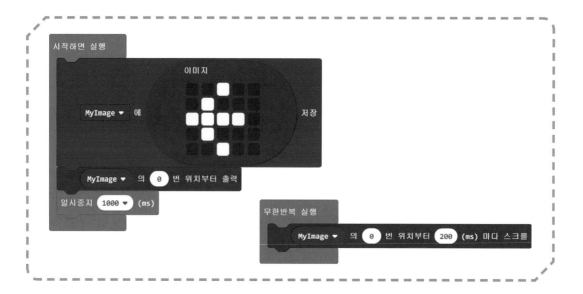

기능 설명

MyImage라는 변수를 만들고, 그 변수에 빈 이미지를 삽입한 후에 위 그림과 같이 왼쪽으로 향하는 화살표를 직접 그려 준다. 1초간 사용자가 그려 준 이미지가 출력되고, 200ms마다 한 칸씩 왼쪽으로 스크롤되면서 출력된다.

블록 설명

이미지 변수에 그려진 이미지를 0번 위치(x 방향)부터 출력한다.

이미지 변수에 그려진 이미지를 지정한 위치(예: 1번)부터 설정된 시간(예: 200ms)만큼 왼쪽 방향으로 스크롤된다.

:::: 큰 이미지 출력하기

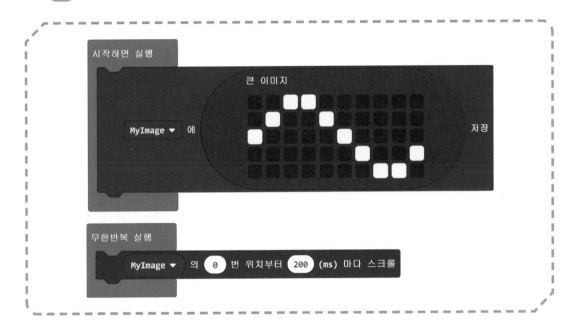

🧩 기능 설명

MyImage 변수를 만들고 해당 변수에 큰 이미지를 추가하여, 사용자가 임의로 이미지를 그려 넣는다. 이미지가 200ms마다 한 칸씩 스크롤되면서 전체 이미지가 출력된다.

🧩 블록 설명

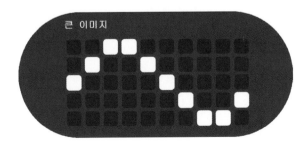

사용자가 임의로 큰 이미지를 편집하여 출력할 수 있다.

 리스트에 이미지 저장하기

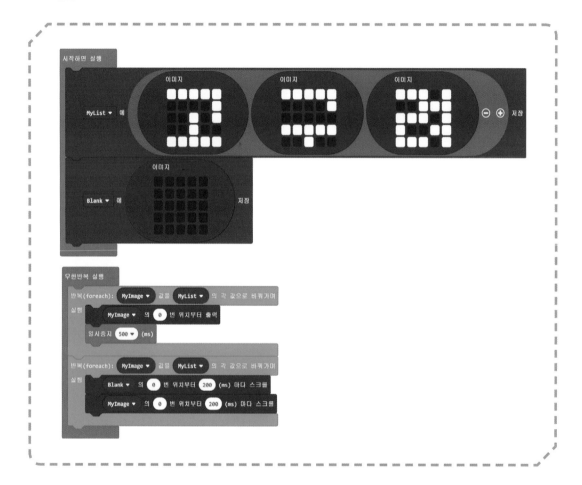

기능 설명

MyList라는 배열 변수에 "고구려"라는 이미지를 각 아이템으로 채워 넣고, 500ms 간격으로 이미지를 하나씩 출력한 후에, 200ms마다 각 이미지가 스크롤되도록 한다. 이미지 스크롤 시에 Blank 변수의 빈 이미지를 중간에 출력하여 자연스럽게 출력이 되도록 한다. 다양한 이미지를 만들어서 배열 변수에 저장하여 출력할 수 있다.

블록 설명

list 배열 변수에서 첫 번째 아이템부터 value 변수에 순서대로 넣어서 사용할 수 있다. 예제에서 list 변수는 MyList, value는 MyImage를 사용하였다.

제3장
다양한 모듈로 배우는
micro:bit

- 디지털 출력
- 디지털 입력
- 아날로그 입력
- PWM 출력
- 조도 센서
- DC 모터

- 초음파 센서
- 서보 모터
- 온도와 습도
- 네오픽셀
- 블루투스

센서 확장 보드

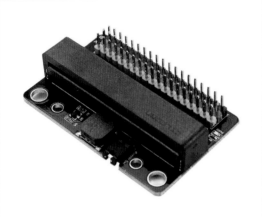

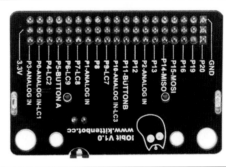

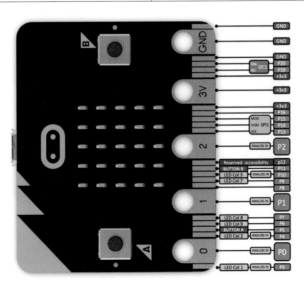

센서 확장 보드는 micro:bit와 다양한 센서 또는 출력 장치 등을 연결할 수 있는 장치로 micro:bit의 모든 포트가 연결되어 있다. 핀의 순서는 확장 보드의 뒷면에 표시되어 있으며, 핀의 구성은 아래 그림과 같으며, P3부터 P20까지의 포트에 전원(+5V와 GND)이 연결되어 있어, 3핀으로 구성된 센서와 출력 장치를 연결할 수 있다. 본 책에서 소개하는 모든 모듈은 아래와 같은 핀의 순서로 구성되어 있으며, 별도의 모듈을 사용할 경우에는 핀 순서에 주의해서 연결하도록 한다.

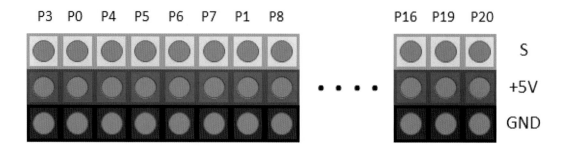

센서 확장 보드는 부저를 내장하고 있어서 외부에 음악을 출력할 경우에 사용할 수 있다. 아래 그림의 ①번이 내장하고 있는 부저이고, P0(포트 0)에 연결되어 있다. 이 부저를 사용할 경우에는 ②번의 점퍼 핀을 연결한 상태에서 사용하고, 부저를 사용하지 않고, P0를 다른 센서와 연결해서 사용할 경우 ②번의 점퍼 핀을 제거한 후에 코딩하면 된다. 음악 출력 예제를 확장 보드의 부저를 이용하여 실행시켜서 확인해 보자.

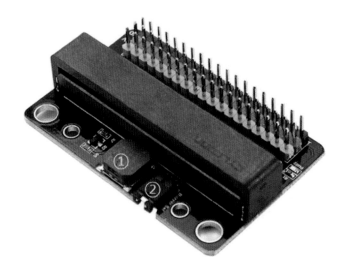

micro:bit는 에지 커넥터를 통해 외부 기기와 연결이 가능하다. 총 25개의 핀을 제공하고 있으며, 다음 표에서 각 핀에 대한 기능을 나타내고 있다.

핀 번호	기능	추가 기능
P0	범용 입출력 핀	아날로그-디지털(ADC) 변환
P1	범용 입출력 핀	아날로그-디지털(ADC) 변환
P2	범용 입출력 핀	아날로그-디지털(ADC) 변환
3V	+전원 3V	전원 공급 또는 입력용, 절대 서로 연결하면 안 됨
GND	-전원	
P3	범용 입출력 / ADC	LED 스크린 1번 세로줄 연결
P4	범용 입출력 / ADC	LED 스크린 2번 세로줄 연결
P5	범용 입출력	A 버튼과 연결
P6	범용 입출력 / ADC	LED 스크린 9번 세로줄 연결
P7	범용 입출력 / ADC	LED 스크린 8번 세로줄 연결
P8	범용 입출력	없음
P9	범용 입출력 / ADC	LED 스크린 7번 세로줄 연결
P10	범용 입출력 / ADC	LED 스크린 3번 세로줄 연결
P11	범용 입출력	B 버튼과 연결
P12	범용 입출력	추가 기능을 위해 예약
P13	범용 입출력	3선 시리얼 통신(SPI)의 클록(SCK) 신호
P14	범용 입출력	3선 시리얼 통신(SPI)의 MISO 신호
P15	범용 입출력	3선 시리얼 통신(SPI)의 MOSI 신호
P16	범용 입출력	3선 시리얼 통신(SPI)의 CS 신호
P17	3V 전원	3V 핀과 같은 전원 공급
P18		
P19	I2C 통신의 SCL 신호	가속도 센서와 나침반 센서 연결
P20	I2C 통신의 SDA 신호	가속도 센서와 나침반 센서 연결
P21	GND 전원	없음, GND 핀과 같음
P22		

LED 스크린과 연결되어 있는 핀(P3, P4, P6, P7, P9, P10)은 범용 입출력 핀으로 사용하기 위해서는 LED 스크린 기능을 끈 후에 사용해야 한다.

3V와 GND라고 쓰여 있는 2개의 핀은 micro:bit에 전원을 공급하는 기능과 관련되어 있기 때문에 절대로 서로 연결하면 안 된다. USB 커넥터로 연결되어 있는 경우에는 이 핀들을 통해서 외부 기기에 전원이 공급되고, 그렇지 않을 경우에는 이 핀들을 통해서 micro:bit에 전원을 공급할 수 있다.

LED	버튼	부저	가변저항
조도 센서	온습도 센서	릴레이	초음파 센서
네오픽셀(LED 바)		DC 모터	
서보 모터		신호등	배터리 팩

디지털 출력

01 디지털 출력

디지털 신호는 두 개의 신호로 구성되어 있다. 0과 1 또는 ON과 OFF로 표현할 수 있다. 참과 거짓으로 나누기도 한다. 두 가지의 신호로 정보를 표현하는 것을 디지털이라고 한다. 우리가 편리하게 사용하는 모든 전자 장치는 디지털 기기로 기본 신호의 단위가 디지털, 즉 0과 1로 구성되어 있다.

디지털 출력이란 이러한 디지털 신호, 즉 0과 1을 외부로 출력하는 것이다. 0과 1은 논리적인 단위로 우리가 사용하는 micro:bit는 0은 0V 전원, 1은 3V 전원을 출력한다.

우리가 원하는 출력 핀에 다양한 기기를 연결하여 동작을 시킬 경우에 이러한 디지털 신호를 적절히 출력할 수 있다.

하지만 장치에 따라서 0의 신호에 ON이 될 수도 있고, 1의 신호에 ON이 될 수 있다. 반대로, 0의 신호에 OFF가 될 수 있고, 1의 신호에도 OFF가 될 수 있다. 장치에서 요구하는 상태를 잘 확인하고 코딩을 하면 큰 문제 없이 적용시킬 수 있다.

0(OFF)	1(ON)

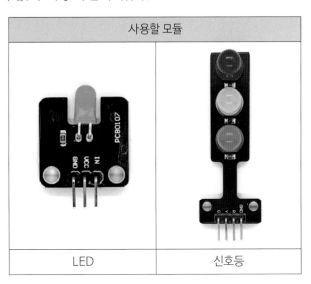

사용할 모듈	
LED	신호등

디지털 출력

02 LED를 이용한 디지털 출력

LED 스크린 핀을 사용하지 않는 경우	LED 스크린 핀을 사용하는 경우
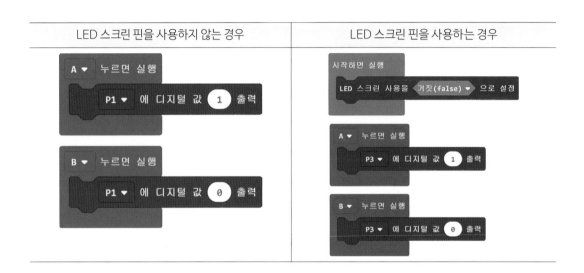	

micro:bit의 다양한 디지털 핀은 쉽게 사용할 수 있다. 위의 두 예제는 micro:bit의 스위치 A와 B를 누르면 핀에 연결되어 있는 LED를 On/Off 하는 예제이다. LED 스크린과 공유하는 핀을 사용할 경우에는 오른쪽 예제와 같이 〈LED 스크린 사용을 거짓으로 설정〉을 반드시 시작 전에 설정해야 한다.

위 예제는 스위치 A를 누르면 LED가 ON이 되고, 스위치 B를 누르면 LED가 OFF 된다.

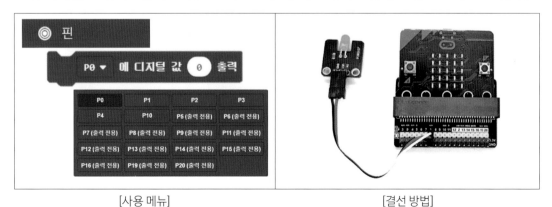

[사용 메뉴]　　　　　　　　　　　[결선 방법]

디지털 출력

03 신호등

시작하면 실행
```
LED 스크린 사용을 [ 거짓(false) ▼ ] 으로 설정
    P4 ▼  에 디지털 값  0  출력
    P5 ▼  에 디지털 값  0  출력
    P6 ▼  에 디지털 값  0  출력
```

무한반복 실행
```
    P4 ▼  에 디지털 값  0  출력
    P6 ▼  에 디지털 값  1  출력
일시중지 5000 ▼ (ms)
    P6 ▼  에 디지털 값  0  출력
반복(repeat): 4 회
실행    P5 ▼  에 디지털 값  1  출력
    일시중지 500 ▼ (ms)
        P5 ▼  에 디지털 값  0  출력
    일시중지 500 ▼ (ms)

    P5 ▼  에 디지털 값  0  출력
    P4 ▼  에 디지털 값  1  출력
일시중지 3000 ▼ (ms)
```

LED가 3개 연결되어 있는 신호등을 제어해 본다. 신호등은 녹색, 주황색, 적색 LED로 구성되어 있고, 각각은 P6(녹색), P5(주황색), P4(적색) 핀에 연결한다. 신호등은 녹색등이 5초 점등된 후에 주황색등이 4회 점멸된 후에 적색으로 바뀐다. 적색등은 3초 점등된 후에 다시 녹색으로 바뀌는 동작을 반복한다.

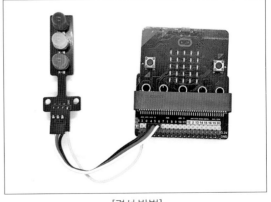

[결선 방법]

디지털 입력

04 디지털 입력

디지털 입력은 외부 기기로 부터 micro:bit에 0과 1의 신호를 입력하는 것으로, 스위치의 경우 눌렀을 때의 신호와 떼었을 때의 신호를 예를 들 수 있다. 이 두 신호에 따라 특정 동작을 시킬 수 있다. 디지털 출력에서도 언급했던 것처럼 0의 신호가 ON이 될 수도 있고, OFF가 될 수도 있다. 외부 장치에서 설명하는 내용을 잘 확인한 후에 사용하도록 한다.

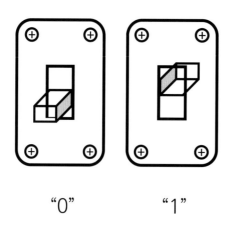

"0"   "1"

사용할 모듈
버튼

06 버튼을 이용한 디지털 입력

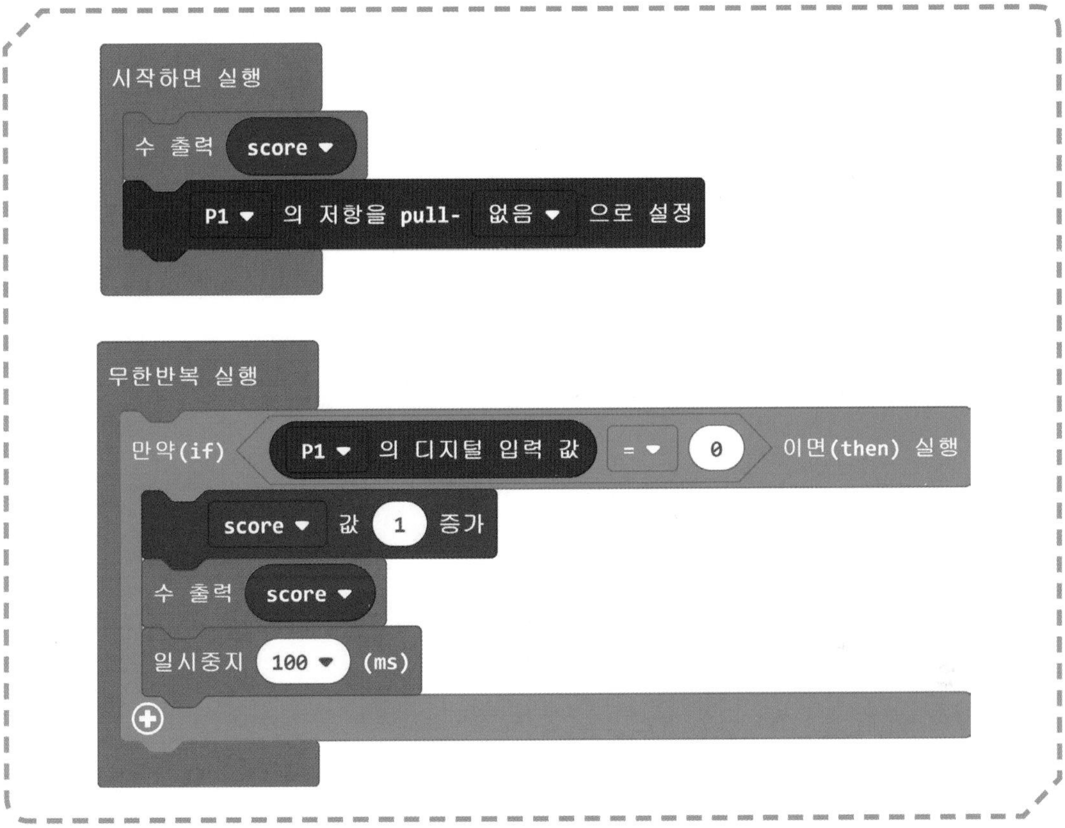

```
시작하면 실행
    수 출력  score ▼
        P1 ▼  의 저항을 pull- 없음 ▼  으로 설정

무한반복 실행
    만약(if)  P1 ▼  의 디지털 입력 값  = ▼  0  이면(then) 실행
        score ▼  값  1  증가
        수 출력  score ▼
        일시중지  100 ▼  (ms)
```

　　버튼을 이용하여 외부에서 입력을 받아 score의 값을 증가시키는 예제이다. 그림과 같이 버튼을 확장 보드의 P1 핀에 연결하여 버튼을 누르면 score 변수가 하나씩 증가하여 LED 스크린에 표시된다. 만약(if) 부분에서 P1의 디지털 입력값이 0일 경우에 증가한다. 즉 버튼을 눌렀을 경우에 '0'이 입력된다. 이는 여기서 사용하는 버튼의 회로를 눌렀을 경우 '0', 누르지 않을 경우 '1'이 입력된다는 것을 주의하자.

 P1 ▼ 의 디지털 입력 값	핀의 디지털 입력값을 반환	
P1 ▼ 의 저항을 pull- 없음 ▼ 으로 설정	P1 핀의 pull-없음으로 설정한다.	
[사용 메뉴]		[결선 방법]

시작하면 실행

    수 출력   score ▼

무한반복 실행

    만약(if)   P1 ▼ 의 디지털 입력 값   = ▼   0   이면(then) 실행

        score ▼ 값 1 증가

        수 출력   score ▼

        일시중지 100 ▼ (ms)

06 버튼 2개를 이용한 순발력 테스트

시작하면 실행

P1 ▼ 의 저항을 pull- 없음 ▼ 으로 설정

P2 ▼ 의 저항을 pull- 없음 ▼ 으로 설정

무한반복 실행

sel ▼ 에 0 부터 1 까지의 정수 랜덤값 저장

push ▼ 에 0 저장

만약(if) sel ▼ = ▼ 0 이면(then) 실행

화살표 출력 서쪽 ▼

만약(if) P1 ▼ 의 디지털 입력 값 = ▼ 0 이면(then) 실행

아이콘 출력

push ▼ 에 1 저장

⊕

아니면(else) 실행 ⊖

화살표 출력 동쪽 ▼

만약(if) P2 ▼ 의 디지털 입력 값 = ▼ 0 이면(then) 실행

아이콘 출력

push ▼ 에 1 저장

⊕

⊕

만약(if) push ▼ = ▼ 0 이면(then) 실행

아이콘 출력

⊕

일시중지 1000 ▼ (ms)

P1 핀과 P2 핀에 연결되어 있는 두 개의 버튼을 이용하여 순발력 테스트를 해 볼 수 있다. 랜덤하게 선택된 숫자에 의해 LED 스크린에 표시되는 화살표가 왼쪽(서쪽) 또는 오른쪽(동쪽)을 표시한다. 화살표가 왼쪽으로 표시되면 P1에 연결된 버튼을 누르고, 오른쪽으로 표시되면 P2에 연결된 버튼을 빠르게 누르면 웃는 표정의 아이콘이 표시되고, 늦게 누르면 우는 표정의 아이콘이 표시된다.

P1 핀과 P2 핀의 결선 후에 [pull-없음]을 설정한다.

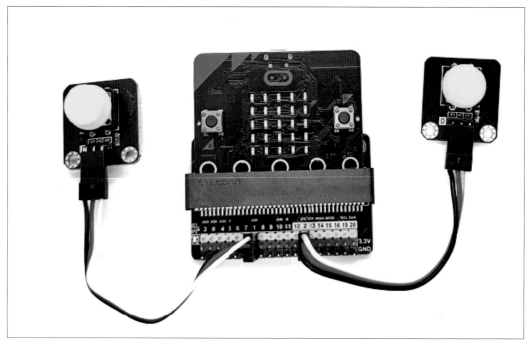

[결선 방법]

아날로그 입력

07 아날로그

아날로그 신호는 디지털 신호처럼 0과 1의 값으로 표현할 수 없다. 온도의 경우를 예를 들면, 우리가 생각하는 온도의 변화는 온도계를 통해 10도 20도라고 알 수 있지만, 이 사이에는 10.1도도 존재하고 10.01도도 존재한다. 단지 우리가 얼마나 정밀하게 표현을 하느냐에 따라 1도 단위의 온도계를 만들 수도 있고, 0.1도 단위의 온도계도 만들 수도 있다. 이처럼 아날로그 신호는 정밀도에 따라 표현할 수 있는 값의 범위가 달라진다. micro:bit의 경우에는 0V에서 3V 사이의 값을 0부터 1023의 값으로 표현하고 있다. 중간의 값이 1.5V라고 하면 표현되는 값은 512로 표현할 수 있다.

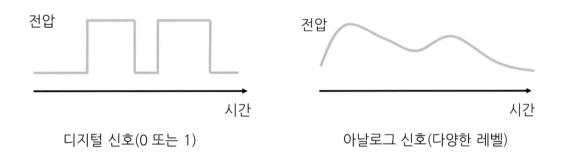

전압

시간

디지털 신호(0 또는 1)

전압

시간

아날로그 신호(다양한 레벨)

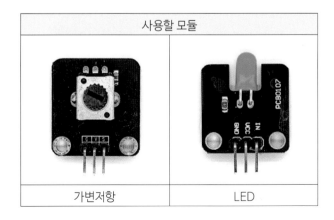

사용할 모듈	
가변저항	LED

저항값에 따른 LED 밝기 조절

시작하면 실행

아이콘 출력 ▒

P2 ▼ 을 아날로그 출력으로 설정

무한반복 실행

LED 스크린 밝기를 P1 ▼ 의 아날로그 입력 값 나누기(÷) ▼ 4 로 설정

P2 ▼ 에 아날로그 값 P1 ▼ 의 아날로그 입력 값 출력

P1 핀에 연결되어 있는 가변저항의 값을 읽어 LED 스크린의 밝기를 조절한다. 또한, P2 핀에 연결되어 있는 LED의 밝기를 조절한다. 가변저항은 손잡이를 돌리면 저항값이 변하는 저항으로 0V에서 3V의 값을 입력받을 수 있다. 일반적으로 TV 등의 소리를 조절하거나 전등의 밝기를 조절할 경우 사용한다. 예제에서는 micro:bit의 LED 스크린의 밝기를 조절한다.

위 블록에서 P1 핀의 아날로그 입력값을 4로 나누는 이유는 아날로그 입력값의 범위는 0 ~ 1023이고, LED 스크린의 밝기의 범위는 0 ~ 255로 1/4의 범위를 가지고 있기 때문이다.

[결선 방법]

09 저항값에 따른 멜로디 속도 조절

```
시작하면 실행
    생일 ▼ 멜로디    백그라운드로 무한 ▼ 출력

무한반복 실행
    빠르기(분당 박자 개수)를  60  더하기(+) ▼    P1 ▼  의 아날로그 입력 값   나누기(÷) ▼  5  으로 설정
```

저항값에 따라 멜로디의 속도를 조절하는 예제이다. 멜로디 〈생일〉을 백그라운드로 무한 출력으로 설정하고, P1에 연결되어 있는 가변저항의 아날로그값에 따라 멜로 출력에 대한 빠르기(분당 박자 개수)를 조절한다. 기본 60 빠르기에 P1의 아날로그 입력값을 5로 나눈 값을 더해서 빠르기를 결정한다.

기본 빠르기 '60'과 '5'로 나누는 값을 조정하여 실행하면서 빠르기 조절이 어떻게 달라지는지 확인해 보자.

10 저항값에 따른 시간 지연 조절

```
시작하면 실행
    x ▼  에  0  저장
    y ▼  에  0  저장
    LED 켜기 x  x ▼  y  y ▼
```

```
무한반복 실행
    일시중지  1024  빼기(-) ▼   P1 ▼  의 아날로그 입력 값   (ms)
    LED 끄기 x  x ▼  y  y ▼
    x ▼  에  0  부터  4  까지의 정수 랜덤값  저장
    y ▼  에  0  부터  4  까지의 정수 랜덤값  저장
    LED 켜기 x  x ▼  y  y ▼
```

　　micro:bit의 LED 스크린에 한 개의 픽셀에 LED를 표시하고, 랜덤하게 움직이도록 설정한다. 예제는 랜덤하게 움직이는 시간을 가변저항에 의해 조절하며, 일시 중지(ms)의 값을 최대 1024ms에서 1ms로 조절한다. 변수 x와 y에 초기 위치 0을 설정한 후, 0에서 4의 값이 랜덤하게 설정되도록 하며, 표시되는 시간은 아날로그값 입력에 의해 조절된다.

PWM 출력

PWM 출력

PWM 출력은 Pulse Width Modulation의 약자로 0과 1로 구성된 펄스의 폭을 조정하여 신호를 만드는 것을 말한다. 펄스 폭을 조정하여 0에서 1의 사이의 값을 출력할 수 있기 때문에 아날로그 출력이라고도 표현한다. LED의 밝기를 조절하거나 모터의 속도를 조절하여 ON과 OFF의 신호가 아닌 빠르게 또는 밝게, 느리게 또는 어둡게 등의 표현으로 출력할 수 있다.

사용할 모듈
부저

시작하면 실행

P1 ▼ 을 아날로그 출력으로 설정

무한반복 실행

300 (Hz) 로 100 (ms) 동안 PWM 출력

일시중지 500 ▼ (ms)

500 (Hz) 로 100 (ms) 동안 PWM 출력

일시중지 500 ▼ (ms)

교재에서 사용하고 있는 확장 보드는 P0 핀에 부저가 연결되어 있다. 예제에서는 P1 핀에 별도의 부저를 연결하여 PWM 출력을 통해 부저를 동작시켜 본다. P1 핀을 아날로그 출력으로 설정한 후에, 지정된 주파수와 지정된 시간 동안 출력한다.

예제는 두 가지 주파수의 PWM 신호를 P1에 연결된 부저를 통해 출력하며, 두 가지의 음을 반복적으로 출력한다.

300 (Hz) 로 100 (ms) 동안 PWM 출력

300Hz의 주파수를 100ms 동안 PWM을 출력하며, 아날로그 출력으로 지정된 핀에 PWM 신호를 출력한다.

[결선 방법]

학교 종이 땡땡땡 연주하기

시작하면 실행

P1 ▼ 을 아날로그 출력으로 설정

무한반복 실행

196 (Hz) 로 100 (ms) 동안 PWM 출력
일시중지 100 ▼ (ms)

196 (Hz) 로 100 (ms) 동안 PWM 출력
일시중지 100 ▼ (ms)

220 (Hz) 로 100 (ms) 동안 PWM 출력
일시중지 100 ▼ (ms)

220 (Hz) 로 100 (ms) 동안 PWM 출력
일시중지 100 ▼ (ms)

196 (Hz) 로 100 (ms) 동안 PWM 출력
일시중지 100 ▼ (ms)

196 (Hz) 로 100 (ms) 동안 PWM 출력
일시중지 100 ▼ (ms)

164.81 (Hz) 로 200 (ms) 동안 PWM 출력
일시중지 100 ▼ (ms)

196 (Hz) 로 100 (ms) 동안 PWM 출력
일시중지 100 ▼ (ms)

196 (Hz) 로 100 (ms) 동안 PWM 출력
일시중지 100 ▼ (ms)

164.81 (Hz) 로 100 (ms) 동안 PWM 출력
일시중지 100 ▼ (ms)

164.81 (Hz) 로 100 (ms) 동안 PWM 출력
일시중지 100 ▼ (ms)

146.83 (Hz) 로 200 (ms) 동안 PWM 출력
일시중지 100 ▼ (ms)

196 (Hz) 로 100 (ms) 동안 PWM 출력
일시중지 100 ▼ (ms)

196 (Hz) 로 100 (ms) 동안 PWM 출력
일시중지 100 ▼ (ms)

220 (Hz) 로 100 (ms) 동안 PWM 출력
일시중지 100 ▼ (ms)

220 (Hz) 로 100 (ms) 동안 PWM 출력
일시중지 100 ▼ (ms)

196 (Hz) 로 100 (ms) 동안 PWM 출력
일시중지 100 ▼ (ms)

196 (Hz) 로 100 (ms) 동안 PWM 출력
일시중지 100 ▼ (ms)

164.81 (Hz) 로 200 (ms) 동안 PWM 출력
일시중지 100 ▼ (ms)

196 (Hz) 로 100 (ms) 동안 PWM 출력
일시중지 100 ▼ (ms)

164.81 (Hz) 로 100 (ms) 동안 PWM 출력
일시중지 100 ▼ (ms)

146.83 (Hz) 로 100 (ms) 동안 PWM 출력
일시중지 100 ▼ (ms)

164.81 (Hz) 로 100 (ms) 동안 PWM 출력
일시중지 100 ▼ (ms)

130.81 (Hz) 로 200 (ms) 동안 PWM 출력
일시중지 1000 ▼ (ms)

옥타브 및 음계별 표준 주파수

(단위 : *Hz*)

옥타브 음계	1	2	3	4	5	6	7	8
도	32.7032	65.4064	130.8128	261.6256	523.2511	1046.502	2093.005	4186.009
도#	34.6478	69.2957	138.5913	277.1826	554.3653	1108.731	2217.461	4434.922
레	36.7081	73.4162	146.8324	293.6648	587.3295	1174.659	2349.318	4698.636
레#	38.8909	77.7817	155.5635	311.1270	622.2540	1244.508	2489.016	4978.032
미	41.2034	82.4069	164.8138	329.6276	659.2551	1318.510	2637.020	5274.041
파	43.6535	87.3071	174.6141	349.2282	698.4565	1396.913	2793.826	5587.652
파#	46.2493	92.4986	184.9972	369.9944	739.9888	1479.978	2959.955	5919.911
솔	48.9994	97.9989	195.9977	391.9954	783.9909	1567.982	3135.963	6271.927
솔#	51.9130	103.8262	207.6523	415.3047	830.6094	1661.219	3322.438	6644.875
라	55.0000	110.0000	220.0000	440.0000	880.0000	1760.000	3520.000	7040.000
라#	58.2705	116.5409	233.0819	466.1638	932.3275	1864.655	3729.310	7458.620
시	61.7354	123.4708	246.9417	493.8833	987.7666	1975.533	3951.066	7902.133

P1에 연결된 부저를 통해 〈학교 종이 땡땡땡〉을 연주해 보자. 각 계이름에 대한 주파수는 다음 표를 참고하며, 예제에서는 3옥타브에 대한 주파수를 PWM 주파수로 선택해서 출력했다. 음과 음의 사이는 1박자의 경우 100ms, 두 박자는 200ms로 설정하여 연주하고 있다.

다음 〈산토끼〉 노래에 대한 계이름을 이용하여 PWM 출력을 통해 연주해 보자.

조도 센서

┃┗┩ 조도 센서 구조와 원리

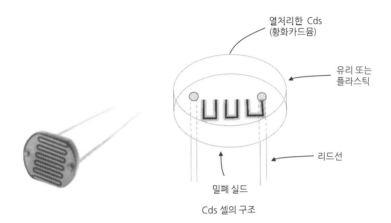

열처리한 Cds
(황화카드뮴)

유리 또는
플라스틱

리드선

밀폐 실드

Cds 셀의 구조

조도 센서는 Cds 센서라고도 하며 황화카드뮴으로 만들어진 센서다. 조도가 높아지면, 즉 밝은 빛에 노출되면 저항 성분이 낮아지고, 조도가 낮아지면, 즉 어두어지면 저항 성분이 높아지는 특징을 가지고 있다. 이러한 특징을 이용하여 고정 저항과 같이 사용하여 조도를 측정하는 데 사용하고 있다.

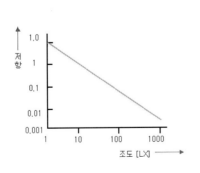

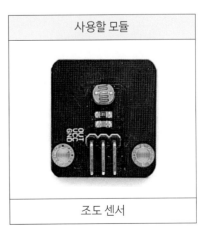

사용할 모듈

조도 센서

16 조도 센서로 LED 밝기 조절

```
시작하면 실행
    LED 스크린 밝기를 (0) 로 설정

무한반복 실행
    만약(if)  P1 ▼ 의 아날로그 입력 값  < ▼  (300)  이면(then) 실행
        LED 스크린 밝기를 (255) 빼기(-) ▼  P1 ▼ 의 아날로그 입력 값  나누기(÷) ▼ (4) 로 설정
        아이콘 출력  ▼
    아니면(else) 실행                                    ⊖
        LED 스크린 밝기를 (0) 로 설정
    ⊕
```

조도 센서를 사용하여 밝기에 따라 LED 스크린의 밝기를 조절하는 예제를 구현해 보자. P1 핀에 조도 센서가 연결되어 있고, 아날로그 입력값의 변화에 따라 LED 스크린의 밝기를 조절한다. P1의 아날로그 입력값은 300보다 작으면 LED 스크린이 켜지며, 조도 센서의 값에 따라 하트 아이콘의 출력 밝기기 조절된다. 가변저항 예제에서와 같

[결선 방법]

이 아날로그 입력값의 범위가 0~1023이고, LED 스크린의 밝기 범위가 0~255이기 때문에 아날로그 입력값을 4로 나누어서 입력받는다.

DC 모터

16 DC 모터 구조

DC 모터는 영구자석을 사용하는 고정자와 코일을 사용하는 회전자로 구성되어 있으며, 전류의 흐르는 방향에 의해 자력의 반발력과 흡인력으로 회전력이 생성시키는 모터로 직류 전원을 사용한다.

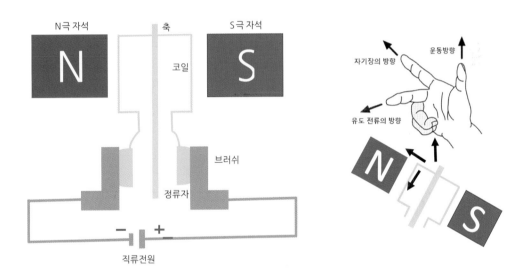

사용할 모듈		
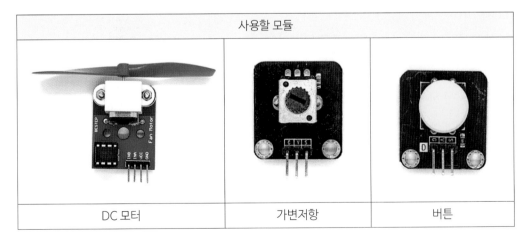		
DC 모터	가변저항	버튼

DC 모터

ㅣ7 정방향 / 역방향 돌리기

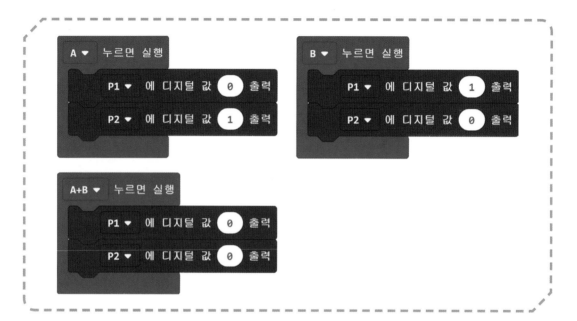

DC 모터는 3가지의 동작을 가질 수 있다. 정회전(정방향), 역회전(역방향), 정지의 3가지 동작으로 회전 방향을 시계 방향을 정회전이라고 할 경우 시계 반대 방향은 역회전으로 생각할 수 있다. 이렇게 3가지의 동작을 위해서는 DC 모터에 연결하는 디지털 출력 핀은 두 개가 필요하며, 예제에서는 P1 핀과 P2 핀에 연결하여, micro:bit의 스위치 A를 누르면 정회전, 스위치 B를 누르면 역회전, 두 개를 동시에 누르면 DC 모터가 정지한다. 예제에서 알 수 있듯이, P1 핀또는 P2 핀 중에 한 핀이 출력이 1이면회전을 하게 되며, 두 개의 핀이 모두 0이면 정지한다.

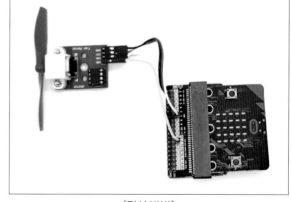

[결선 방법]

시작하면 실행
LED 스크린 사용을 거짓(false) 으로 설정
run 에 0 저장

무한반복 실행
만약(if) run = 1 이면(then) 실행
P2 에 아날로그 값 P3 의 아날로그 입력 값 출력

A 누르면 실행
P1 에 디지털 값 0 출력
P2 에 아날로그 값 P3 의 아날로그 입력 값 출력
run 에 1 저장

B 누르면 실행
P1 에 디지털 값 0 출력
P2 에 아날로그 값 0 출력
run 에 0 저장

가변저항의 아날로그 입력값에 의해 DC 모터의 속도를 제어해 보자. P1 핀과 P2 핀에 연결된 DC 모터는 micro:bit의 스위치 A를 누르면 회전하고, 스위치 B를 누르면 정지한다. P3 핀에 연결된 가변저항의 값을 아날로그 입력값을 P2 핀에 아날로그 출력할 수 있다. P2 핀에 의해 제어되는 값은 0V에서 3V 사이의 값이 출력되어 모터의 속도를 제어할 수 있다. 가변저항의 값이 제일 작은 값으로 설정하면 모터가 정지하고 제일 큰 값으로 설정하면 최고 속도로 회전한다.

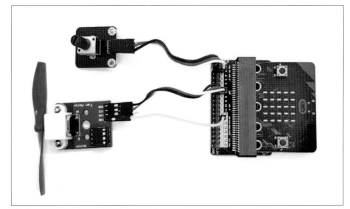

[결선 방법]

DC 모터

버튼으로 모터 켜고, 끄기 - 손선풍기

```
시작하면 실행

LED 스크린 사용을 「거짓(false) ▼」으로 설정

    P3 ▼ 의 저항을 pull- 없음 ▼ 으로 설정

    speed ▼ 에 0 저장

    리스트 ▼ 에 0 400 600 800 1023 ⊖ ⊕ 저장
```

```
무한반복 실행

만약(if) < P3 ▼ 의 디지털 입력 값 = ▼ 0 > 이면(then) 실행

    speed ▼ 값 1 증가

    만약(if) < speed ▼ = ▼ 5 > 이면(then) 실행

        speed ▼ 에 0 저장
    ⊕

    P1 ▼ 에 디지털 값 0 출력

    P2 ▼ 에 아날로그 값 리스트 ▼ 에서 speed ▼ 번째 위치의 값 출력

    200 곱하기(×) ▼ speed ▼ (Hz) 로 200 (ms) 동안 PWM 출력
⊕
```

DC 모터의 속도를 제어하여 손선풍기를 만들어 보자. P3 핀에 연결된 버튼을 통해 4단계의 속도를 조절하며, 정지 기능도 포함한다. speed 변수는 0에서 4의 값으로 변하며, 0의 값은 정지 동작을 한다. 1의 값이 최저 속도이며, 4의 값은 최고 속도이다. 버튼을 누를 때마다 속도에 해당하는 PWM 출력을 P0에 연결되어 있는 부저를 통해 부저 음을 출력한다.

리스트 변수에 DC 모터의 속도를 미리 저장한다. 첫 번째 위치는 모터의 속도가 0이기 때문에 모터의 속도가 정지된다. speed 변수에 의해 속도값이 결정되며, 버튼을 누를 때마다 0 → 400 → 600 → 800 → 1023 → 0 의 순서로 반복된다.

이렇게 선택된 속도값은 P2 핀의 아날로그 출력으로 설정되어 모터의 속도가 제어된다.

위 예제의 버튼 대신에 micro:bit의 스위치 A를 이용하여 손 선풍기 코드를 작성해 보자.

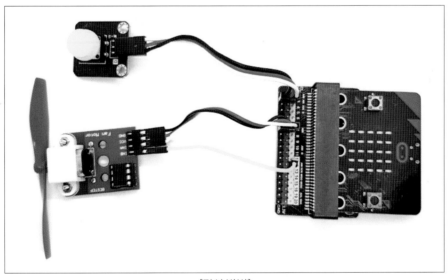

[결선 방법]

초음파 센서

초음파 센서 원리

초음파 센서는 초음파를 이용하여 전방의 물체를 인식할 수 있는 센서이다. 초음파 센서는 그림처럼 트리거(Trigger), 에코(Echo) 신호로 구성되며, 트리거 신호로 초음파를 발생시키고, 에코 신호를 통해 반사되어 입력된 초음파를 인식할 수 있다.

그림 초음파 센서 HC-SR04

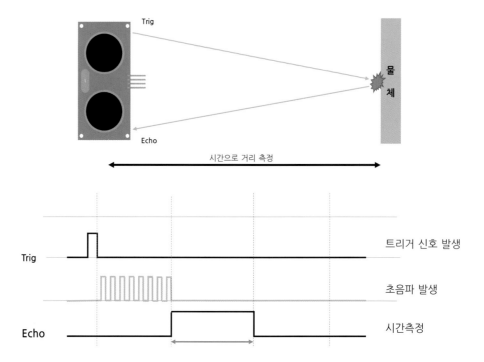

```
무한반복 실행
    P1 ▼  에 디지털 값  0  출력
  일시중지  2  (µs)
    P1 ▼  에 디지털 값  1  출력
  일시중지  10  (µs)
    P1 ▼  에 디지털 값  0  출력
  수 출력  반올림(round) ▼  (  P2 ▼  의  high ▼  펄스 지속시간(µs)  곱하기(×) ▼  0.017  )
  일시중지  100 ▼  (ms)
```

초음파 센서를 이용하여 거리를 계산하여 LED 스크린에 출력하는 예제를 작성해 보자. 앞서 초음파 센서는 트리거 신호와 에코 신호 두 개로 동작시키는 것을 알 수 있었다. P1 핀에 트리거 신호를 연결하고, P2 핀에 에코 신호를 연결하여, P1 핀의 트리거 신호를 '1' → '0'의 신호를 10us의 펄스를 출력한다. 그 후 에코 신호가 '1'의 입력을 유지하는 시간을 받아서 거리를 계산할 수 있다. 거리 계산식은 다음과 같다.

거리(m) = 소리의 속도(m/s) × 시간(s)

여기서, 소리의 속도는 약 340(m/s)이고 P2 핀의 '1'의 입력이 지속되는 시간은 마이크로 세컨드(us)의 단위로 입력되고, 계산할 거리의 단위는 센티미터(cm)이기 때문에

거리(cm) = 340 × 100 × 시간 × 0.000001

이고, 계산된 거리는 초음파가 발사해서 반사되는 거리에 대한 시간이기 때문에 나누기 2를 해서 계산하면 다음과 같다.

거리(cm) = 0.017 × 시간(us)

일시 중지(us) 블록은 고급 기능의 고급 제어에서 이용할 수 있다.

계산된 거리는 소수점 계산 결과가 나오기 때문에 반올림(round)를 적용하여 LED 스크린에 출력한다.

초음파 센서는 5V 전압에서 동작을 하기 때문에 micro:bit에서 공급하는 3V 전원으로는 구동이 되지 않는다. 그래서 AAA 배터리 3개의 배터리 팩을 이용하여 전원을 공급하도록 한다.

연결 장치	핀	비고
초음파 센서 Trig	P1	트리거 신호
초음파 센서 Echo	P2	에코 신호
초음파 센서 VCC	베터리 팩 +전원	4.5V 배터리 팩
초음파 센서 GND	센서 확장 보드 GND	
배터리 팩 -전원	센서 확장 보드 GND	

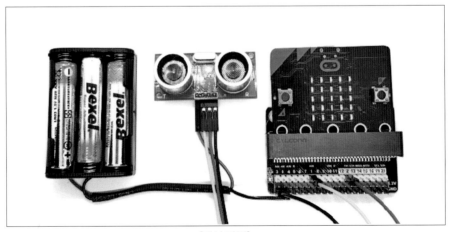

[결선 방법]

초음파 센서

후방감지기

```
무한반복 실행
    P1 ▼ 에 디지털 값  0  출력
    일시중지  2  (µs)
    P1 ▼ 에 디지털 값  1  출력
    일시중지  10  (µs)
    P1 ▼ 에 디지털 값  0  출력
    distance ▼ 에  반올림(round) ▼  P2 ▼ 의  high ▼  펄스 지속시간(µs)  곱하기(×) ▼  0.017  저장
    만약(if)  distance ▼  < ▼  5  이면(then) 실행
        1000 (Hz) 로 1000 (ms) 동안 PWM 출력
    아니면서 만약(else if)  distance ▼  < ▼  10  이면(then) 실행 ⊖
        1000 (Hz) 로 30 (ms) 동안 PWM 출력
        일시중지  100 ▼  (ms)
    아니면서 만약(else if)  distance ▼  < ▼  20  이면(then) 실행 ⊖
        1000 (Hz) 로 100 (ms) 동안 PWM 출력
        일시중지  100 ▼  (ms)
    아니면서 만약(else if)  distance ▼  < ▼  25  이면(then) 실행 ⊖
        1000 (Hz) 로 200 (ms) 동안 PWM 출력
        일시중지  100 ▼  (ms)
    ⊕
```

초음파 센서에 의한 자동차 후방감지기를 구현해 보자. 자동차 후방감지기는 초음파 센서를 이용하여 구현하고, 물체가 감지되는 거리에 따라 경고음이 다르게 출력된다. 예제에서는 P0 핀에 연결되어 있는 부저에 경고음을 출력하고, 계산된 거리(distance 변수)에 따라 다른 PWM 주파수를 출력하여 경고음 출력 시간을 조절한다.

25cm보다 길게 감지가 되는 물체는 경고음을 울리지 않고, 5cm보다 가까워지면 경고음을 길게 출력한다. 5~25cm 내의 거리는 거리에 따라 경고음의 반복 시간을 짧게 하여 물체가 가까워지고 있다는 것을 알려준다.

서보 모터

서보 모터

전원(-)
전원(+)
신호선

서보 모터는 입력된 펄스의 폭에 따라서 각도를 조절할 수 있는 모터로 아래 그림처럼 펄스 폭 시간에 따라서 0도에서 180도 각도로 제어할 수 있다.

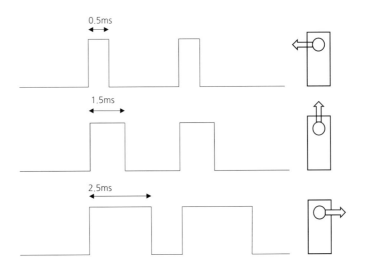

0.5ms

1.5ms

2.5ms

서보 모터

24 서보 모터 제어하기

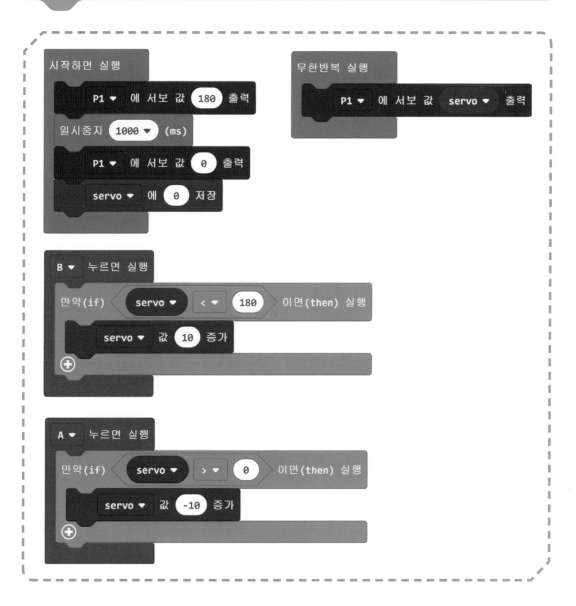

시작하면 실행
- P1 ▼ 에 서보 값 180 출력
- 일시중지 1000 ▼ (ms)
- P1 ▼ 에 서보 값 0 출력
- servo ▼ 에 0 저장

무한반복 실행
- P1 ▼ 에 서보 값 servo ▼ 출력

B ▼ 누르면 실행
- 만약(if) servo ▼ < ▼ 180 이면(then) 실행
  - servo ▼ 값 10 증가

A ▼ 누르면 실행
- 만약(if) servo ▼ > ▼ 0 이면(then) 실행
  - servo ▼ 값 -10 증가

서보 모터는 핀 제어 기능에서 이용할 수 있다. 지정된 핀에 의해 서보 값을 0에서 180의 값을 지정할 수 있으며, 이는 각도 0도에서 180도를 의미한다. servo 변수의 값을 스위치 A를 누르면 10씩 감소하고, 스위치 B를 누르면 10씩 증가하도록 하며, 이 값에 따라 P1 핀에 연결되어 있는 서보 모터의 각도를 조절한다.

서보 모터는 micro:bit에서 제공하는 3V 전압으로 동작하지 않기 때문에, 별도의 배터리 팩을 연결하여 전원을 공급한다.

연결 장치	핀	비고
서보 모터 신호선	P1	PWM 신호
서보 모터 VCC	베터리 팩 +전원	4.5V 배터리 팩
서보 모터 GND	센서 확장 보드 GND	
배터리 팩 −전원	센서 확장 보드 GND	

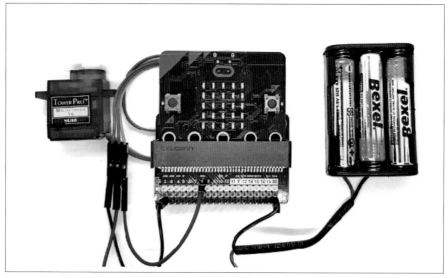

[결선 방법]

05 가변저항으로 서보 모터 제어하기

무한반복 실행

비례 변환(map): P2 ▼ 의 아날로그 입력 값

최소 0
최대 1023

value ▼ 에   에서   저장

최소 0
최대 180

범위로 변환한 값

P1 ▼ 에 서보 값 value ▼ 출력

가변저항을 이용하여 가변저항의 값에 따라 서보 모터의 각도를 조절해 볼 수 있다. 가변저항의 최솟값과 최댓값에 따라서 서보 모터를 0도에서 180도로 조절해 보자.

P2 핀에 연결된 가변저항의 아날로그 입력값은 0에서 1023의 값의 범위를 갖는다. 하지만 서보 모터는 0도에서 180도 범위를 갖기 때문에, 아날로그 입력에 해당하는 서보 모터의 각도를 계산해서 적용해야 하지만, 핀 기능의 비례 변화(map)의 기능을 이용하면 쉽게 계산을 할 수 있다.

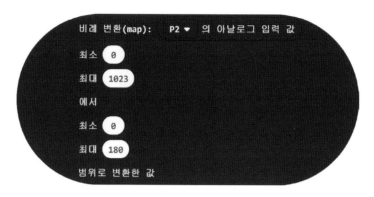

P2 핀의 입력값을 0~1023에서 0~180의 값으로 변환해 주는 기능을 한다. 다른 예제에서도 유용하게 활용할 수 있다.

연결 장치	핀	비고
서보 모터 신호선	P1	PWM 신호
서보 모터 VCC	베터리 팩 +전원	4.5V 배터리 팩
서보 모터 GND	센서 확장 보드 GND	
가변저항	P2	
배터리 팩 −전원	센서 확장 보드 GND	4.5V 배터리 팩

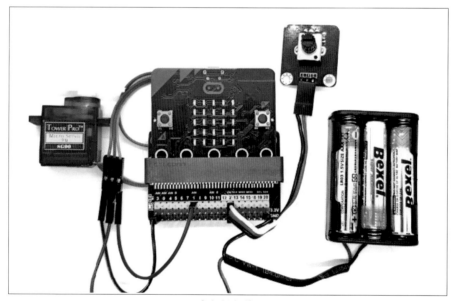

[결선 방법]

온도와 습도

⠃⠃ 확장 프로그램 이용하기

모듈을 직접 제어해서 사용하기는 쉽지 않기 때문에 온습도 모듈을 이용하기 위해서는 확장 프로그램을 이용해야 한다. 앞으로 다양한 기능을 사용하기 위해 확장 프로그램을 이용하기 위해 확장 프로그램을 이용하는 방법을 알아보자.

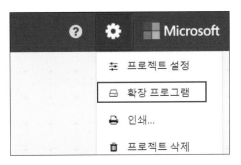

코딩 화면의 오른쪽 상단에 ⚙️ 설정 메뉴를 클릭한 후 〈확장 프로그램〉 메뉴를 선택한다.

찾고자 하는 모듈 또는 기능에 대한 내용을 입력 후 돋보기 버튼을 클릭한다. 온습도 모듈은 DHT11을 입력한다.

찾기에 성공하면 해당 확장 프로그램이 나타나며, 해당 프로그램을 클릭한다.

07 온도와 습도 표시하기

```
무한반복 실행
    Query DHT11 ▼
    Data pin P1 ▼
    Pin pull up 참(true) ▼
    Serial output 거짓(false) ▼
    Wait 2 sec after query 참(true) ▼

A ▼ 누르면 실행
    text ▼ 에 연결한 문자열: 반올림(round) ▼ Read temperature ▼ 를 문자열로 변환한 값 "'C" ⊖ ⊕ 저장
    문자열 출력 text ▼

B ▼ 누르면 실행
    text ▼ 에 연결한 문자열: Read humidity ▼ 를 문자열로 변환한 값 "%" ⊖ ⊕ 저장
    문자열 출력 text ▼
```

온습도계 모듈을 이용하여 현재 온도와 습도를 선택하여 출력하는 예제를 작성해 보자. 앞에서 설명했던 DHT11 모듈에 대한 확장 프로그램을 추가한 후에 해당 블록을 추가하여 연속적으로 온도와 습도의 값을 갱신한다. 그런 후에 micro:bit의 스위치 A를 누르면 온도가 스위치 B를 누르면 습도가 LED 스크린에 표시된다.

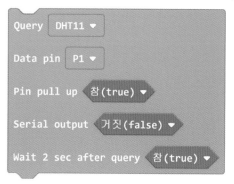

왼쪽 블록처럼 DHT11을 선택하고 Data pin 은 P1 핀을 선택하고, 무한반복 실행에 위치시킨다.

Read humidity ▼   습도 읽기 블록

Read temperature ▼   온도 읽기 블록

온도는 섭씨(℃)로 출력되고, 습도는 백분율(%)로 출력된다. 숫자로 반환되는 값을 문자열로 반환받아서 섭씨(℃)와 백분율(%)로 문자열을 연결하여 LED 스크린에 출력한다.

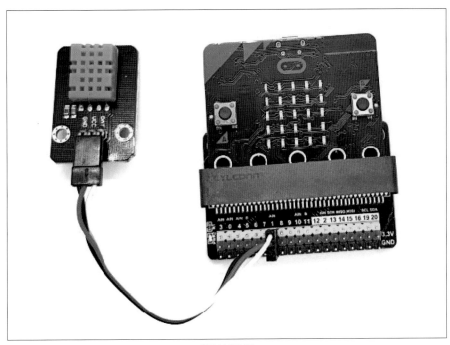

[결선 방법]

온도와 습도

온도에 따른 선풍기 동작

무한반복 실행

Query DHT11 ▼

Data pin P1 ▼

Pin pull up 참(true) ▼

Serial output 거짓(false) ▼

Wait 2 sec after query 참(true) ▼

temp ▼ 에 반올림(round) Read temperature ▼ 저장

수 출력 temp ▼

만약(if) temp ▼ > ▼ 28 이면(then) 실행

P2 ▼ 에 디지털 값 1 출력

아니면서 만약(else if) temp ▼ < ▼ 27 이면(then) 실행 ⊖

P2 ▼ 에 디지털 값 0 출력

⊕

온습도계 모듈에서 온도를 실시간으로 읽어서 온도에 따라 선풍기가 동작하는 예제를

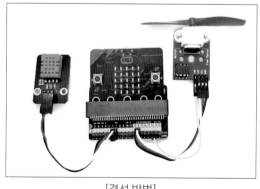

[결선 방법]

작성해 보자. 선풍기는 DC 모터의 회전 날개를 이용하고, temp 변수에 온도를 읽어서 28도보다 크면 선풍기가 작동하고, 27도보다 작으면 선풍기가 정지하도록 한다. DC 모터는 한 방향으로만 회전하기 때문에 P2 핀만 연결하고 나머지 한 핀은 GND에 연결한다.

네오픽셀(Neopixel)

네오픽셀(Neopixel)

네오픽셀은 Adafruit사에서 이름을 붙인 LED 모듈로 연결 배선이 간단하고, 직선, 원, 메트릭스 타입 등의 여러 LED를 연결해서 제어할 수 있다.

〈출처: 남보공방 https://makernambo.com/42〉

네오픽셀은 하나의 LED에 빨강, 녹색, 파랑의 세 가지 색이 있는 것과 흰색이 추가된 네 가지 색이 있는 것이 있다. 각 색의 밝기는 256단계로 조절할 수 있으며, RGB 각 색을 조합하면 약 1,600만 가지의 색을 표현할 수 있다.

네오픽셀을 사용하려면 확장 프로그램을 추가해서 사용하며, Neopixel로 검색하여 추가할 수 있다.

30 컬러 LED 켜 보기

```
시작하면 실행
    strip ▼  에  NeoPixel at pin P1 ▼  with  8  leds as  RGB (GRB format) ▼  저장
    strip ▼  set pixel color at  0  to  red ▼
    strip ▼  set pixel color at  1  to  orange ▼          무한반복 실행
    strip ▼  set pixel color at  2  to  yellow ▼              strip ▼  rotate pixels by  1
    strip ▼  set pixel color at  3  to  green ▼               strip ▼  show
    strip ▼  set pixel color at  4  to  blue ▼           일시중지  100 ▼  (ms)
    strip ▼  set pixel color at  5  to  indigo ▼
    strip ▼  set pixel color at  6  to  violet ▼
    strip ▼  set pixel color at  7  to  purple ▼
    strip ▼  show
일시중지  1000 ▼  (ms)
    strip ▼  clear
    strip ▼  show color  red ▼
    strip ▼  set pixel color at  0  to  yellow ▼
```

8개의 LED로 구성된 네오픽셀을 회전하며 켜지도록 예제를 작성해 보자. 8개의 LED를 각기 다른 색으로 설정한 후 켜고, 1초 후에 전체를 빨간색으로 변경한 후 노란색의 LED가 0번부터 7번까지 이동한 후 다시 0번으로 이동하도록 한다.

```
NeoPixel at pin  P1 ▼  with  8  leds as  RGB (GRB format) ▼
```

8개의 LED로 구성된 네오픽셀을 P1 핀에 연결하여, RGB(GBR format)의 3가지 색 구성으로 설정한다.

```
strip ▼  set pixel color at  0  to  red ▼
```

원하는 위치의 LED의 색을 지정한다. 위 블록은 0번째 LED를 red(적색)로 설정한다. 색을 지정한 것이지 실제로 표시되지 않는다. 표시하기 위해서는 다음 블록을 이용한다.

네오픽셀의 설정된 색으로 표시한다.

네오픽셀 전체의 색을 지정한다. 위 블록은 red(적색)로 설정한다.

네오픽셀의 각 픽셀 LED를 1픽셀씩 회전시킨다.

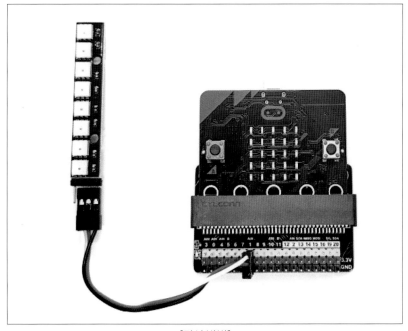

[결선 방법]

네오픽셀(Neopixel)

31 LED 바 그래프

시작하면 실행

strip ▼ 에 NeoPixel at pin P1 ▼ with 8 leds as RGB (GRB format) ▼ 저장

무한반복 실행

strip ▼ show bar graph of 빛센서 값 up to 255

strip ▼ show

네오픽셀을 이용하여 바 그래프를 구현할 수 있다. 위 예제는 빛 센서의 값을 네오픽셀에 바 그래프로 표현하고 최대 255의 값을 표현할 수 있도록 설정한다.

strip ▼ show bar graph of 0 up to 255

바 그래프로 표현하기 위해서 위 블록의 0의 위치에 빛센서 값 을 넣고 최대값을 255까지 표현할 수 있도록 한다.

왼쪽과 같이 결선한 후, 초음파 센서의 거리에 따라 바 그래프로 표시해 보자.

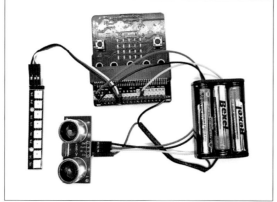

[결선 방법]

연결 장치	핀	비고
네오픽셀	P1	
초음파 센서 Trig	P3	트리거 신호
초음파 센서 Echo	P2	에코 신호
초음파 센서 VCC	베터리 팩 +전원	4.5V 배터리 팩
초음파 센서 GND	센서 확장 보드 GND	
배터리 팩 −전원	센서 확장 보드 GND	

앞에서 사용하였던 초음파 센서를 이용하여 후방 감지 센서를 네오픽셀을 이용하여 거리에 따른 그래프 표시로 나타내 보자. value 변수에 초음파 센서를 통해 읽은 거리를 저장하고, 이 값이 30cm 이하일 경우 네오픽셀로 최대 30cm의 범위로 표시할 수 있다. 30cm가 넘으면 네오픽셀 전체가 꺼진다.

콘서트나 운동경기 등에서 사용할 수 있는 응원봉을 만들어 보자. 네오픽셀의 색이 자동으로 랜덤하게 변하는 기능과 micro:bit를 흔들 때마다 색이 변하는 기능을 하도록 만들어 보자. 스위치 A를 누르면 흔들 때마다 변하고, 스위치 B를 누르면 자동으로 변하도록 설정하며, LED_Change 함수를 만들어서 red, green, blue의 색 변수의 값을 랜덤하게 선택하여 네오픽셀의 색을 지정한다.

네오픽셀과 micro:bit를 이용하여 실제 사용할 수 있는 응원봉을 직접 만들어 보자.

블루투스(Bluetooth)

▦▦ 블루투스 확장 프로그램 및 앱 설치

　micro:bit의 블루투스 기능을 사용하기 위해서는 먼저 수행해야 할 작업이 있다. 확장 프로그램과 앱 설치가 필요하다. 확장 프로그램 메뉴를 선택해서 들어가면 맨 처음에 나와 있는 〈bluetooth〉를 선택한다.

　아래 그림과 같이 〈라디오〉 기능 대신에 〈블루투스〉가 생성된 것을 확인할 수 있다. 이는 〈라디오〉와 〈블루투스〉를 동시에 사용할 수 없다는 것을 알 수 있다.

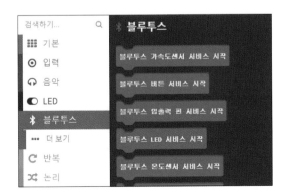

블루투스 통신을 위해 〈프로젝트 설정〉 메뉴에서 아래와 같이 설정한다.

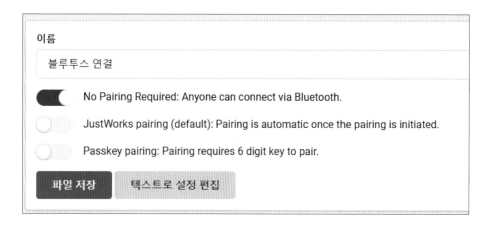

그리고 스마트폰에 다음 앱을 설치한다. 앱은 안드로이드용만 지원한다.

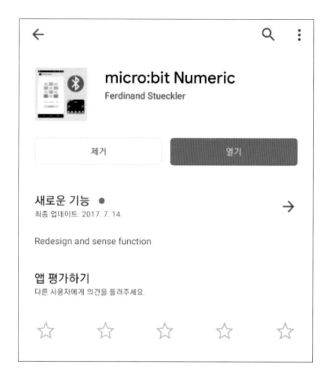

블루투스(Bluetooth)

34 블루투스 연결하기

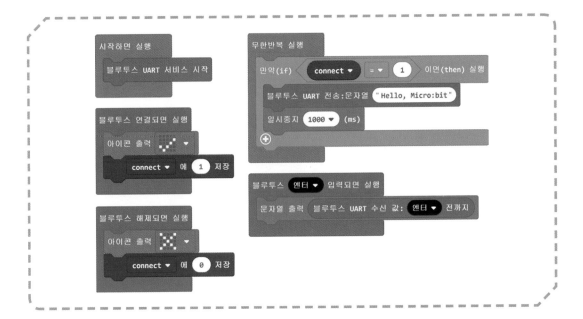

micro:bit와 스마트폰을 블루투스로 연결하는 방법에 대해 알아보도록 한다. 우선 앞에서 설정해야 될 부분을 완료한 후에, 위 예제를 micro:bit에 다운로드한다. 그리고 앱을 실행한 후에 〈Connect〉 버튼을 클릭한다. 〈Select a device〉 리스트에서 〈BBC micro:bit〉를 선택하면 페어링이 완료된다.

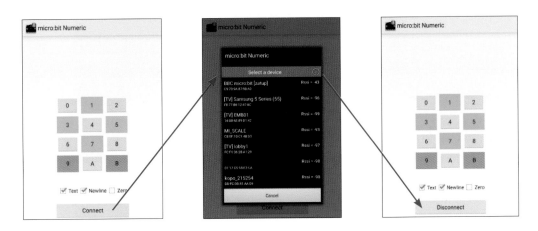

micro:bit에서 〈블루투스 UART 서비스 시작〉 블럭을 반드시 추가해야 스마트폰과의 데이터를 주고받을 수 있다.

micro:bit와 스마트폰이 블루투스로 연결이 되면, LED 스크린에 체크 표시(v) 아이콘이 나타나서 연결된 것을 표시한다. 반대로 연결이 해제되면 LED 스크린에 X 표시가 나타난다.

micro:bit와 스마트폰이 연결되면, micro:bit는 1초에 한번씩 "Hello, micro:bit" 문자열을 스마트폰으로 전송하고, 수신된 문자열은 아래 그림처럼 화면 하단에 표시되었다가 사라진다.

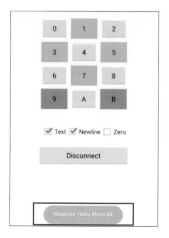

스마트폰에서 micro:bit로 데이터를 전송할 경우에는 문자열로 전송하며, 엔터(Newline)가 포함되게 설정한다.

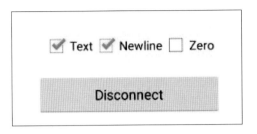

앱에서 숫자 1을 누르면, 문자 '1'과 엔터가 동시에 전송이 된다.

micro:bit에서 블루투스로 수신된 문자에서 엔터가 포함되면, 위 블록이 호출되고 엔터 전까지의 문자 데이터를 LED 스크린에 출력한다.

시작하면 실행

블루투스 UART 서비스 시작

블루투스 엔터 ▼ 입력되면 실행

rx ▼ 에 블루투스 UART 수신 값: 엔터 ▼ 전까지 저장

만약(if) rx ▼ = ▼ "A" 이면(then) 실행

P1 ▼ 에 디지털 값 0 출력

아니면서 만약(else if) rx ▼ = ▼ "B" 이면(then) 실행 ⊖

P1 ▼ 에 디지털 값 1 출력

⊕

문자열 출력 rx ▼

스마트폰 앱에서 전송된 문자를 분석해서 다른 장치를 제어하는 리모콘을 구현해 보자. micro:bit Numeric 앱과 연결한 후에, "A"와 "B" 문자에 따라서 장치를 켜거나 끌 수 있는 리모콘을 구현할 수 있다. P1 핀에 릴레이를 연결하고 릴레이의 접점은 작은 전기 기구를 연결한다. 앱의 "B"를 누르면 릴레이가 On 되어 장치가 동작하고, "B"를 누르면 Off 되어 장치가 동작을 멈춘다.

가정용 소형 선풍기를 연결하여 리모콘으로 활용해 보자.

[결선 방법]

블루투스(Bluetooth)

16 블루투스 선풍기

시작하면 실행

블루투스 UART 서비스 시작

speed ▼ 에 0 저장

리스트 ▼ 에 0 400 600 800 1023 ⊖ ⊕ 저장

무한반복 실행

speed ▼ 에 블루투스 UART 수신 값 : 엔터 ▼ 전까지 을 수로 변환한 값 저장

만약(if) speed ▼ < ▼ 5 이면(then) 실행

P1 ▼ 에 디지털 값 0 출력

P2 ▼ 에 아날로그 값 리스트 ▼ 에서 speed ▼ 번째 위치의 값 출력

200 곱하기(×) ▼ speed ▼ (Hz) 로 200 (ms) 동안 PWM 출력

수 출력 speed ▼

⊕

앞서 손선풍기를 만들었던 것을 응용하여, 블루투스 리모콘으로 선풍기의 바람의 세기를 조절해 보자. micro:bit Numeric 앱과 연결하여 0~ 의 숫자를 누르면 각 세기에 맞게 손선풍기가 제어되는 것을 확인할 수 있다. 0은 정지가 된다.

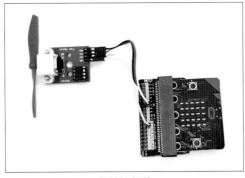

[결선 방법]

제4장

micro:bit 프로젝트

- Ring:bit Car 만들기
- 시계 만들기
- 스마트 홈

Ring:bit Car 만들기

01 Ring:bit Car 조립하기

준비 : 부품 확인하기

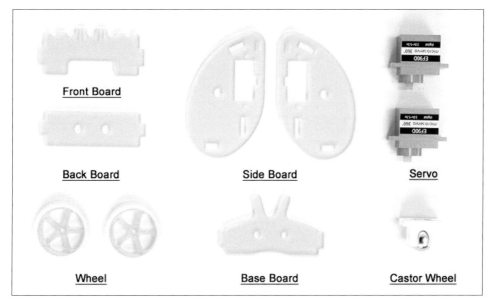

Front Board

Back Board

Side Board

Servo

Wheel

Base Board

Castor Wheel

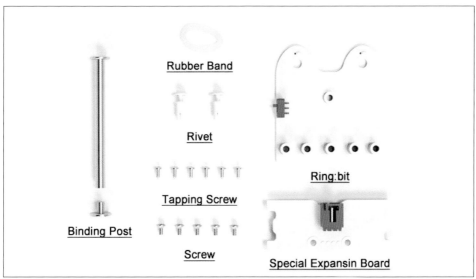

Rubber Band

Rivet

Tapping Screw

Binding Post

Screw

Ring:bit

Special Expansin Board

1 단계: 옆면 아크릴 보드와 서보 모터를 태핑 나사로 고정한다. 그리고 바퀴를 일반 나
사로 고정한다.

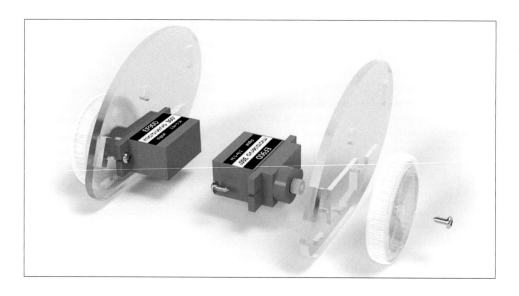

2 단계: 베이스 아크릴 보드에 리벳을 이용하여 볼 케스트를 고정한다.

3 단계: 전면, 후면, 베이스, 옆면 아크릴 보드와 확장 보드를 아래와 같이 연결한다.

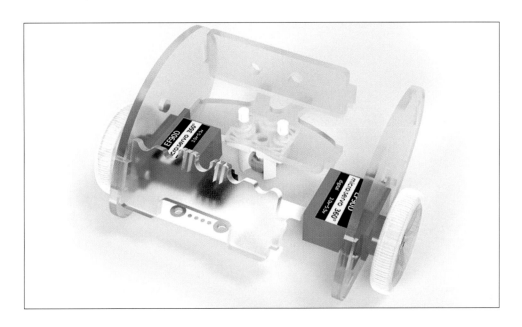

4 단계: 철 기둥을 이용하여 전체 기구를 고정한다.

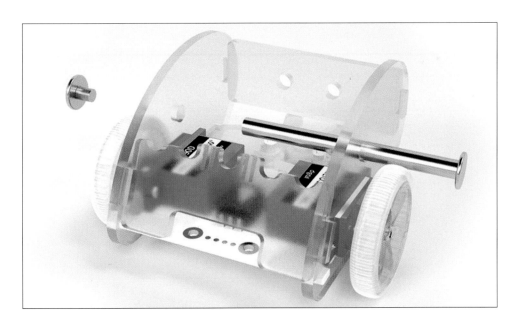

5 단계: Ring:bit 보드와 micro:bit를 일반 나사를 이용하여 연결한다.

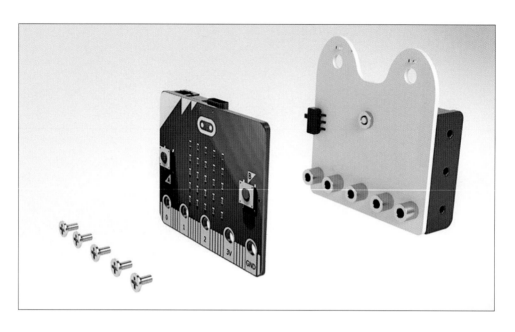

6 단계: 케이블을 알맞게 연결한다. 0번은 확장 보드, 1번은 왼쪽 서보 모터, 2번은 오른쪽 서보 모터를 연결한다.

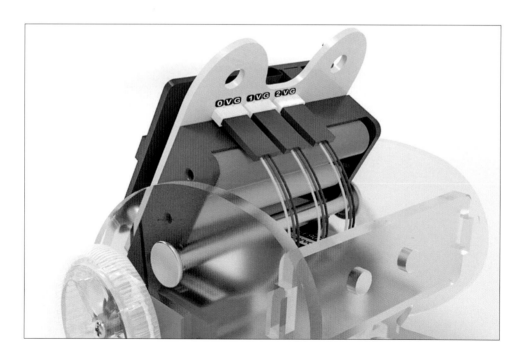

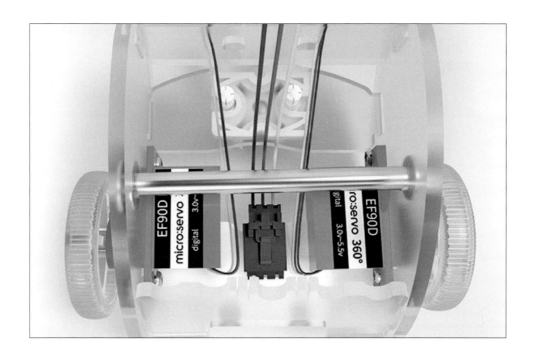

완성

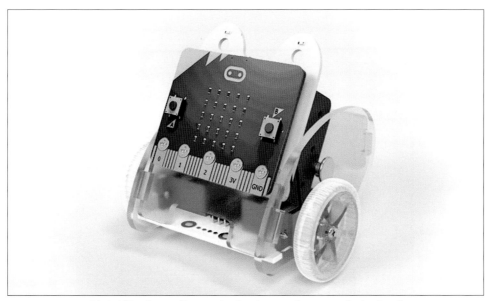

〈이미지 참조: https://www.elecfreaks.com/learn-en/index.html〉

Ring:bit Car 만들기

UF Ring:bit Car 확장 프로그램

Ring:bit Car를 사용하기 위해서는 확장 프로그램을 추가한다.

아래 그림처럼 RingbitCar와 Neopixel 두 가지가 추가되는 것을 확인할 수 있다. Ring:bit Car의 micro:bit에는 P0 핀에 네오픽셀 LED 2개가 연결되어 있다.

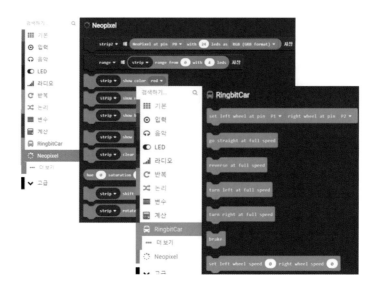

Ring:bit Car 만들기

09 Ring:bit Car 전진, 후진

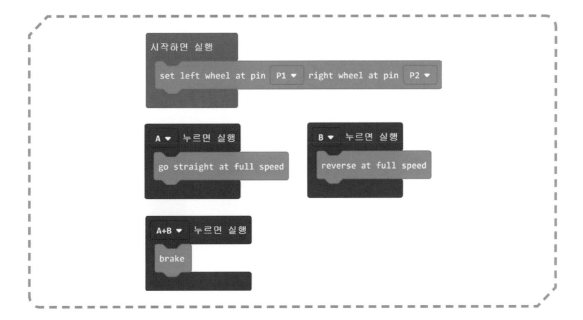

Ring:bit Car를 최고 속도로 전진, 후진 그리고 정지 동작을 테스트해 본다. micro:bit의
스위치 A를 누르면 전진, 스위치 B를 누르면 후진, 동시에 누르면 정지한다.

Ring:bit Car를 사용하기 위해서 〈시작하면 실행〉 블록에 반드시 추가해야 한다. P1 핀
은 왼쪽 바퀴, P2 핀은 오른쪽 바퀴에 할당되어 동작한다.

최고 속도로 전진과 후진 동작을 한다. brake 블록은 정지를 의미한다.

04 Ring:bit Car 원 그리기

```
시작하면 실행
    set left wheel at pin  P1 ▼  right wheel at pin  P2 ▼

A ▼ 누르면 실행
    set left wheel speed  100  right wheel speed  50

A+B ▼ 누르면 실행
    brake

B ▼ 누르면 실행
    set left wheel speed  50  right wheel speed  100
```

Ring:bit Car의 모터 구동 속도를 최고 속도가 아닌 속도 조절을 통해서 원을 그리며 구동하도록 하자. 같은 방향으로 움직이는 두 개의 모터 속도를 다르게 주면 원을 그리는 동작하게 된다.

```
set left wheel speed  50  right wheel speed  100
```

왼쪽 바퀴의 속도를 50%, 오른쪽 바퀴의 속도를 100%로 동작시키면, 왼쪽 바퀴가 속도가 빠르기 때문에 오른쪽으로 원을 그리며 회전하게 된다. 반대로 속도를 다르게 하면 왼쪽으로 원을 그리며 회전하게 된다.

원이 지름이 더 크게 돌거나 더 작게 돌게 하려면 어떻게 하면 될까?

05 Ring:bit Car 조도에 따른 동작

```
시작하면 실행
    set left wheel at pin  P1 ▼   right wheel at pin  P2 ▼
    go straight at full speed

무한반복 실행
    만약(if)  빛센서 값  < ▼  5  이면(then) 실행
        reverse at full speed
        일시중지 1000 ▼ (ms)
        turn right at full speed
        일시중지 200 ▼ (ms)
        go straight at full speed
    ⊕
```

micro:bit의 빛 센서를 이용하여 Ring:bit Car 전방에 장애물이 있거나 손으로 가리게 되면 후진을 한 후에 오른쪽으로 회전 후, 다시 전진하도록 한다. 빛 센서의 값은 조명에 따라 조절하면서 동작해 본다.

Ring:bit Car는 전진을 하다가 어두운 곳에 들어가거나 micro:bit의 LED 스크린을 가릴 수 있는 장애물은 만나게 되면, 1초 후진 후에 오른쪽 방향으로 제자리에서 0.2초 동안 회전한다. 그리고 전진을 반복한다. 물론 손으로 LED 스크린을 가려도 동일한 동작을 한다.

Ring:bit Car 만들기

06 Ring:bit Car 스마트폰 리모콘

Ring:bit Car를 스마트폰으로 제어하기 위해서는 블루투스 확장 프로그램을 추가해야 한다. 하지만 블루투스 확장 프로그램과 Ring:bit Car 확장 프로그램은 두 개를 동시에 추가할 수 없다. Ring:bit Car의 모터는 무한회전 서보 모터를 사용하고 있기 때문에 서보 모터를 제어하는 방법으로 구동할 수 있다.

무한회전 서보 모터에 500us의 펄스 폭을 출력하면 시계 방향으로 회전하고, 2500us의 펄스 폭으로 출력하면 시계 반대 방향으로 회전한다. 두 개의 서보 모터가 서로 다른 방향으로 조립되어 있기 때문에 같은 방향으로 회전하기 위해서는 서로 다른 펄스 폭을 출력해야 한다. 0us의 펄스 폭의 출력은 모터를 정지시킨다.

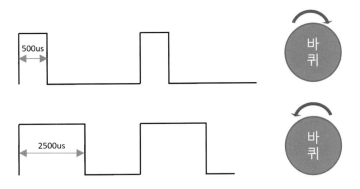

　micro:bit Numeric 앱과 연결한 후에 아래와 같은 방향으로 조정할 수 있다. 움직이는 방향에 따라 화살표도 LED 스크린에 표시된다.

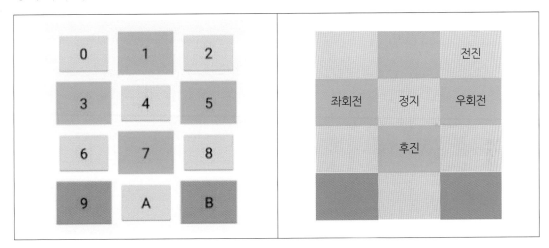

　각 동작에 대해서 위 블록과 같이 함수로 만들어서 리모콘 동작에 따른 함수를 호출하도록 한다.

시계 만들기

07 시계 DIY

① 스포츠용 손목 밴드를 준비한다.

② 한 쪽에 글루건을 이용하여 마이크로비트를 고정한다.

③ 다른 한 쪽에 배터리 팩을 글루건을 이용하여 세로로 고정한다.

④ 양쪽에 고정이 완료되면 전원 케이블을 연결한다.

⑤ 손목에 착용한 후에 클립을 이용하여 전원 케이블을 고정한다.

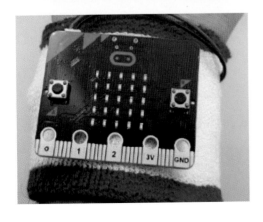

⑥ 완성

08 디지털 손목시계

시, 분, 초가 표시되는 디지털 손목시계를 만들어 보자. 시계는 전원이 켜지면 12시 0분 0초로 시작하며, 시간을 조정하기 위해서 스위치 A를 누르면 1분씩 증가하고, 스위치 B를 누르면 1시간씩 증가한다. 시간을 조정할 때마다 시간이 LED 스크린에 표시가 되고, 또한 손목을 흔들면 시간이 표시된다. 평소에는 LED 스크린의 (2, 2) 위치의 LED가 1초에 한 번 씩 깜박거린다. 표시되는 시간은 12시제로 한다.

코딩하기

변수 시, 분, 초를 만들고 12시 0분 0초로 초기화한다. blink 변수는 1초마다 깜박이도록 하고, disp 변수는 LED 스크린의 (2, 2) 위치에 깜박이는 것을 표시할지를 결정한다.

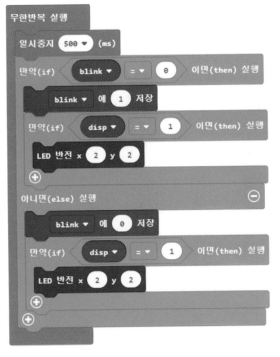

시간을 표시하는 부분은 함수로 만들어서 필요한 곳에서 호출해서 사용한다. disp 변수를 0으로 설정하여 시간이 표시되는 동안 (2, 2) LED가 깜박이지 않도록 한다. time 변수는 현재 시간을 (시 : 분 : 초) 형태로 저장하기 위한 변수로 숫자로 되어 있는 시간값을 문자열로 변환한 후에 (시 : 분 : 초) 형태로 문자열을 연결하여 표시한다. 표시가 된 후에는 (2, 2) LED가 깜박이도록 disp 변수를 1로 설정한다.

500ms(0.5초)마다 blink 변수를 0에서 1로 다시 1에서 0으로 바꿔주면서 (2, 2) LED를 반전시켜 깜박거리도록 한다. disp 변수가 0일 경우에는 시간이 표시되는 순간이기 때문에 깜박이지 않도록 한다. blink 변수가 0에서 1이 되면 시간, 즉 1초를 증가시킨다.

시간을 계산하는 방법은 다음 순서도에서처럼 초 변수가 1씩 증가하면서 60초가 되면 1분이 증가하고, 60분이 되면 1시간이 증가한다. 시 변수는 13시가 되면 1시로 초기화된다.

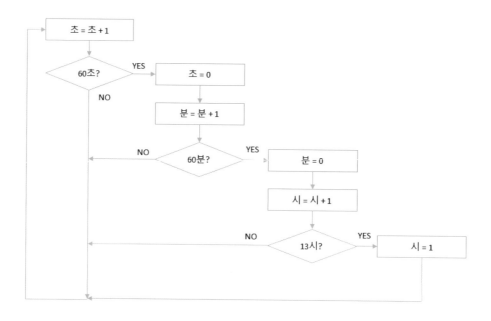

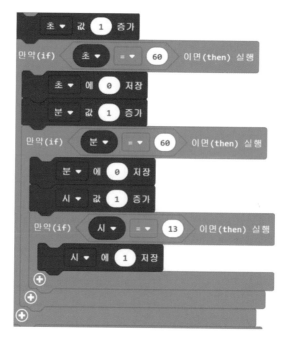

위 블록은 blink 변수가 1이 되는 부분에서 실행되며, 무한반복 실행의 전체 코드는 다음과 같다.

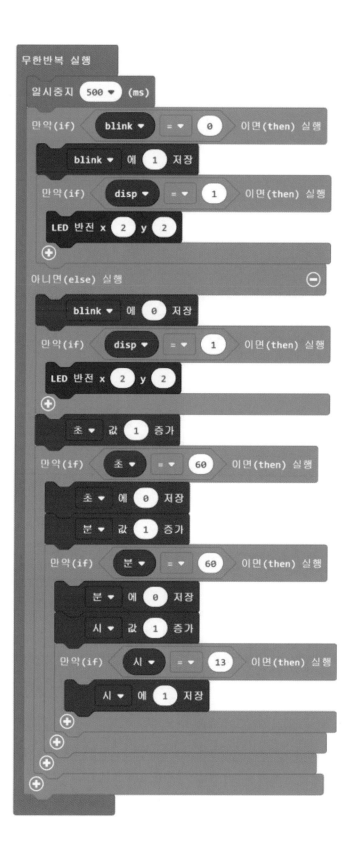

시간 표시는 micro:bit가 흔들림을 감지하면 〈시간 표시〉 함수를 호출하여 표시한다.

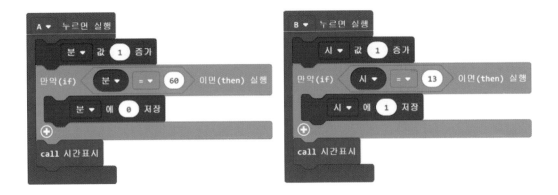

　시간 조정은 micro:bit의 스위치 A와 B로 조정한다. 스위치 A는 '분'을 증가시키며 59분 다음에 0분을 표시한다. 스위치 B는 '시'를 증가시키며 12시 다음에 1시를 표시한다. 시간 이 증가된 후에는 시간이 한 번 표시되고 다시 깜박이는 동작을 반복하게 된다.

앞에서 제작한 디지털 손목시계를 응용하여 스톱워치를 제작해 보자. 스톱워치는 달리기 등의 시간을 측정하기 위한 장치로 0.1초 단위로 카운트되고, 최대 60분까지 측정할 수 있도록 한다. 스위치 A를 누르면 LED 스크린 중간의 LED가 0.1초 단위로 깜박이면서 시간을 카운트하고, 스위치 B를 누르면 현재 측정된 시간이 표시된다. 한 번 더 스위치 B를 누르면 시간이 표시되는 동안 누적된 시간이 표시된다. 스위치 A와 B를 동시에 누르면 0분 0초로 초기화된다.

코딩하기

count 변수는 0.1초마다 증가하기 위한 변수이며, 10이 되면 1초가 증가한다. start 변수는 스톱워치 기능을 시작하는 변수로 1이 되면 카운트가 시작된다. disp 변수는 (2, 2) LED를 0.1초마다 깜박이기 위한 변수다.

스위치 A를 누르면 start 변수가 1로 변경되면서 카운트를 시작한다.

스위치 A와 B를 동시에 누르면 카운트가 정지하고, 모든 시간 관련 변수가 초기화된다.

스위치 B를 누르면 현재까지 카운트된 시간이 표시된다. 이때 시간 변수들은 초기화 되지 않는다. disp 변수를 0으로 변경하여, LED가 깜박이지 않도록 하며, 〈분 : 초 : count〉 형식으로 출력이 되도록 문자열을 연결한다. 문자열이 출력된 후에는 disp 변수를 1로 변경한다.

한 번 더 스위치 B를 누르면 시간이 표시되는 동안에도 누적된 시간이 표시된다. 스위치 B를 이용하여 연속적으로 시간을 측정할 수 있다.

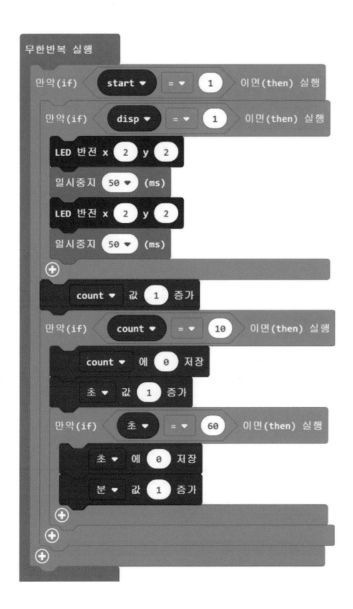

시간을 카운트하는 코드는 디지털 손목시계 예제와 유사하며, 단지 시간의 단위가 0.1 초, 초, 분으로 되어 있을 뿐이다.

10 스마트 휴지통

두 개의 초음파 센서와 서보 모터, 네오픽셀을 이용하여 스마트 휴지통을 제작해 보자. 초음파 센서는 휴지통에 사람이 가까이 가면 인식하는 기능을 하고, 서보 모터로 휴지통의 뚜껑을 자동으로 열어 준다. 휴지통 내의 또 하나의 초음파 센서는 쓰레기의 양을 측정하여 외부의 네오픽셀에 표시하는 기능을 수행한다.

결선하기

연결 장치	핀	비고
서보 모터	P1	초깃값 0
초음파 센서 1	P2(Trig), P3(Echo)	사람 감지용
초음파 센서 2	P6(Trig), P7(Echo)	쓰레기 양 측정용
네오픽셀	P4	LED 개수 = 8

코딩하기

LED 스크린과 공통으로 사용하는 핀을 위해 LED 스크린 사용을 〈거짓〉으로 설정한다. 네오픽셀은 P4 핀에 연결하며, 서보 모터는 P1 핀에 연결 후 초깃값은 0도로 설정한다. 두 개의 초음파 센서의 에코(Echo) 핀을 연결하는 핀은 〈pull-없음〉으로 설정한다.

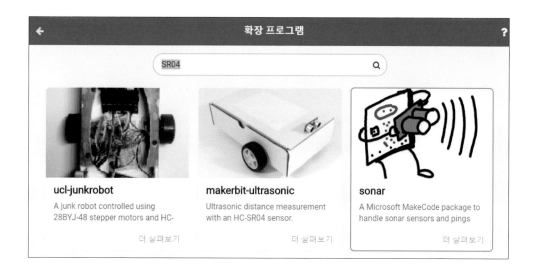

기존에 초음파 센서를 사용하였을 때에는 직접 핀을 제어해서 사용하였다. 이번에는 확장 프로그램을 추가하여 사용해 보기로 한다. 확장 프로그램 검색창에 "SR04"라고 입력하고 위 그림처럼 선택한다.

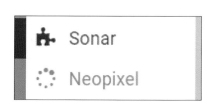

확장 프로그램 〈Sonar〉가 초음파 센서를 위한 것이며, 트리거(Trig)와 에코(Echo) 핀을 할당하고 단위를 선택할 수 있다.

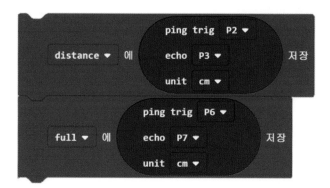

distance 변수에는 사람을 감지하는 초음파 센서의 거리가 저장되고, full 변수는 휴지통 내의 쓰레기양에 대한 거리가 저장된다. Sonar 확장 프로그램에서 블록을 추가한 후에 사용할 핀들을 설정하고, 단위(unit)은 센티미터(cm)로 선택한다.

full 값은 최대 15cm를 기준으로 하며, 15cm가 넘는 값은 15cm로 고정한다.

네오픽셀은 쓰레기의 양을 표시하기 위해 사용한다. 최대 거리 15cm의 휴지통 안이 비어 있을 경우에는 바 그래프가 최소를 표시하고, 꽉 차 있을 경우는 최대를 표시하기 위해서 초음파 센서의 거리값을 15cm에서 빼주도록 한다.

사람을 감지하는 초음파 센서는 distance 변수의 거리값이 20cm보다 작을 경우에 사람이 가까이 접근한 것으로 간주하여 서보 모터를 구동하여 휴지통의 뚜껑을 열고, 2초 후에 다시 닫는 동작을 한다.

전체 코드

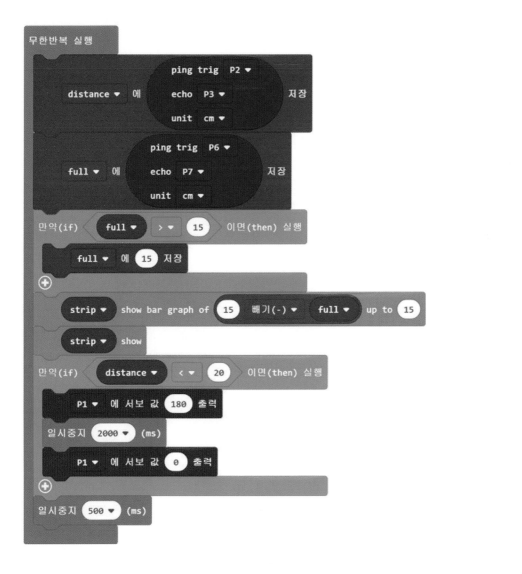

제작하기

① 휴지통 정면에 초음파 센서를 고정한다.

② 측면에 쓰레기양을 확인 할 수 있는 네오픽셀을 고정한다.

③ 뒷면에 뚜껑을 열 수 있는 서보모터를 고정한다.

④ 뚜껑 안쪽에 쓰레기의 양을 측정할
   수 있는 초음파 센서를 고정한다.

⑤ 뚜껑에 구멍을 뚫어 선을 삽입한다.

⑥ 병뚜껑을 이용하여 지지대를 만
   들고, 선을 서보모터와 연결하여
   고정한다.

스마트 홈

디지털 도어록(Door Lock)

비밀번호를 입력해야 열리는 디지털 도어록을 제작해 보자. 4자리 수의 지정된 비밀번호와 입력된 값과 비교하여 동일하면 서보 모터가 동작하여 잠금장치를 풀어주도록 한다. micro:bit의 스위치 A는 현재 자릿수의 숫자를 0~9까지 변경하고, 스위치 B는 자릿수를 이동하는 기능을 수행한다. 4자리의 비밀번호가 입력되면 스위치 A와 B를 동시에 누르면, 지정된 비밀번호와 동일하게 입력되면 문이 열리게 된다. 다시 잠그려고 할 때에는 한 번 더 스위치 A와 B를 동시에 누른다.

결선하기

연결 장치	핀	비고
서보 모터	P1	초깃값 0

코딩하기

도어록 역할을 하는 서보 모터를 0으로 설정하여 문이 잠기도록 한다. 각종 변수를 초기화하고, password 리스트에 사용자가 지정할 비밀번호를 설정한다. 초기 비밀번호는

"1234"로 사용자가 임의로 변경할 수 있다. 리스트 변수는 입력받을 곳으로 모두 4자리를 입력받는다.

micro:bit의 스위치 A를 누르면 현재 자릿수의 값이 0~9까지 증가된다. 증가된 수는 LED 스크린에 표시된다.

micro:bit의 스위치 B를 누르면 입력받을 자릿수를 이동시키며, 0~3의 값을 갖는다. 이 때는 스위치 A에 의해 변경된 cur_key 변수의 숫자가 리스트 변수의 현재 위치, 즉 loc 변수의 값에 해당 위치에 저장하게 된다. 그런 후에 cur_key는 0으로 초기화된다.

micro:bit의 스위치 A와 B를 동시에 누르면, 설정된 비밀번호와 입력된 비밀번호를 비교하게 되는데, 반복문을 0에서 3까지 이동하면서 password 변수와 리스트 변수의 각 자리수를 비교해서 같을 경우에 count 변수를 하나씩 증가한다.

두 개의 배열의 각 자리수가 모두 같으면 count 변수는 4를 가지고 있으며, 이는 동일한 비밀번호가 입력된 것으로 서보 모터를 180도 움직여서 잠금장치를 해제한다. count 변수가 4가 아닐 경우 서보 모터의 각을 0도로 이동시켜 잠금장치를 잠금 상태로 유지한다. 잠금장치가 해제된 후에 다시 잠금 상태로 변경하기 위해서 스위치 A와 B를 동시에 누르면 된다.

전체 코드

```
시작하면 실행
    P1 ▼ 에 서보 값 0 출력
    loc ▼ 에 0 저장
    cur_key ▼ 에 0 저장
    password ▼ 에  1  2  3  4  ⊖ ⊕  저장
    리스트 ▼ 에  0  0  0  0  ⊖ ⊕  저장
```

```
A ▼ 누르면 실행
    cur_key ▼ 값 1 증가
    만약(if)  cur_key ▼  = ▼  9  이면(then) 실행
        cur_key ▼ 에 0 저장
    ⊕
    수 출력 cur_key ▼
```

```
B ▼ 누르면 실행
    높은 파  1/8 ▼ 박자 출력
    리스트 ▼ 에서 loc 번째 위치의 값을 cur_key ▼ 로 변경
    loc ▼ 값 1 증가
    만약(if)  loc ▼  = ▼  4  이면(then) 실행
        loc ▼ 에 0 저장
    ⊕
    아이콘 출력  ⋰⋱ ▼
    cur_key ▼ 에 0 저장
    수 출력 cur_key ▼
```

```
A+B ▼ 누르면 실행
    반복(for): index 값을 0 부터 ~ 3 까지 1씩 증가시키며
    실행
        만약(if)  password ▼ 에서 index ▼ 번째 위치의 값  = ▼  리스트 ▼ 에서 index ▼ 번째 위치의 값  이면(then) 실행
            count ▼ 값 1 증가
        ⊕
    리스트 ▼ 에  0  0  0  0  ⊖ ⊕  저장
    만약(if)  count ▼  = ▼  4  이면(then) 실행
        P1 ▼ 에 서보 값 180 출력
    아니면(else) 실행                        ⊖
        P1 ▼ 에 서보 값 0 출력
    ⊕
    count ▼ 에 0 저장
    cur_key ▼ 에 0 저장
    loc ▼ 에 0 저장
```

제작하기

① 서랍을 준비한다.

② 배터리팩을 사용하여 회로를 구성한다.

③ 서랍 안쪽에 서보모터를 부착한다. 서보혼이 아래쪽을 향하도록 한다.

④ 서랍 위쪽에 배터리와 마이크로비트를 부착한다.

④ 전체 연결이 완성된 모습

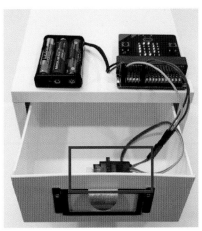

잠금장치가 열렸을 때

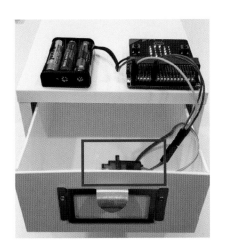

잠금장치가 닫혔을 때

홈페이지 : ㈜제이케이이엠씨 (www.jkelec.co.kr / master@deviceshop.net)
쇼핑몰 : http://www.toolparts.co.kr, https://smartstore.naver.com/openhw

마이크로비트   Basic study KIT

micro:bit로 피지컬 컴퓨팅을 할 수 있는 가장 기본이 되는 KIT입니다. 교재에 주로
많이 사용되는 센서들로 구성하였습니다.   RC카를 제외 (RC카 별도 구매)한 교재에
수록된 대부분의 예제를 실험해 볼수 있습니다.

세트구성

마이크로비트 (micro: bit)   센서 확장 보드   AAA 배터리 박스

LED   버튼 x2   부저   서보모터

가변저항   조도센서   초음파 센서

DC모터   3색 신호등   연결 케이블
(3P - 5, 4P - 3)

마이크로비트 ALL Study KIT

micro:bit와 다양한 센서 또는 출력 장치 등을 연결할 수 있는 장치인 센서 확장보드를 이용해 각종센서를 활용 할 수 있는 KIT 입니다. RC카를 제외 (RC카 별도 구매) 한 교재에 수록된 모든 예제를 실험해 볼수 있습니다.

세트구성

마이크로비트 (micro: bit)   센서 확장 보드   AAA 배터리 박스

LED   버튼 x2   온·습도 센서   서보모터

가변저항   조도센서   네오픽셀 (LED 바)

부저   릴레이 +케이블   초음파 센서   연결 케이블
                                               (3P - 5, 4P - 3)

DC모터   3색 신호등   AAA 배터리 3개

마이크로비트   Ring:bit Car KIT

micro:bit 를 활용하여 프로그래밍 한 명령대로 움직이는 Smart 자동차를 만들 수 있는
Ring:bit Car KIT 입니다 . micro:bit는 KIT 구성에 포함되어 있지 않습니다 (별도 구매).

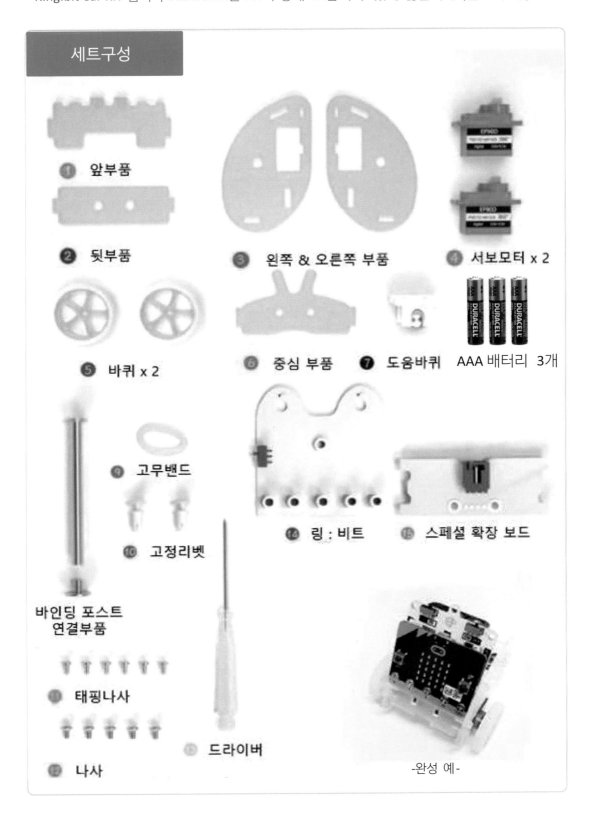

세트구성

❶ 앞부품

❷ 뒷부품

❸ 왼쪽 & 오른쪽 부품

❹ 서보모터 x 2

❺ 바퀴 x 2

❻ 중심 부품

❼ 도움바퀴   AAA 배터리 3개

❾ 고무밴드

❿ 고정리벳

⓰ 링 : 비트

⓯ 스페셜 확장 보드

바인딩 포스트
연결부품

⓫ 태핑나사

⓭ 드라이버

⓬ 나사

-완성 예-

참고 문헌 및 사이트:

www.microbit.org

www.naver.com

www.control.cnct.ac.kr/cpu/

micro:bit

마이크로비트로 배우는 창의설계 코딩

| 2020년 | 2월 12일 | 1판 | 1쇄 | 인 쇄 |
| 2020년 | 2월 18일 | 1판 | 1쇄 | 발 행 |

지 은 이 : 조　　　영　　　준

펴 낸 이 : 박　　　정　　　태

펴 낸 곳 : 광　　　문　　　각

10881
파주시 파주출판문화도시 광인사길 161
광문각 B/D 4층
등　　　록 : 1991. 5. 31 제12 - 484호
전　화(代): 031-955-8787
팩　　　스 : 031-955-3730
E - mail : kwangmk7@hanmail.net
홈페이지 : www.kwangmoonkag.co.kr

ISBN : 978-89-7093-976-6　93590

값 : 13,000원

한국과학기술출판협회
Korean Science & Technology Publisher Association